KB137485

소방 전기 일반

황기환 著

FIREFIGHTING ELECTRONIC

21세기사

머리말

전기를 사용하기 시작한 전후 세대의 구분은 산업분야 및 일상생활에 엄청난 변화를 가져왔다. 또한 전기를 발전시키고 활용하기 시작하면서 과학사의 발전에도 많은 기여를 해오고 있다. 비록 전기가 2차 산업으로 분류되고 있지만 근래 전기자동차의 개발로 전기분야에 대한 인식은 더욱 고조되어 있고 현재 및 향후 산업분야에서도 2차 전지를 포함한 전기 분야의 발전은 3차, 4차 산업과 더불어 앞으로도 더욱 발전해 나갈 것으로 기대된다.

한편, 전기의 사용으로 인한 다양성과 편리성 만큼이나 안전이 더욱 요구되고 위험에 따른 의무와 책임도 증폭되어 오고있다. 전기분야에 대한 발전만큼이나 전기화재에 대한 중요성 및 전기를 이용한 소화설비의 활용 등을 다루는 소방안전분야에서도 중요성과 수요 인력에 대한 필요성이 많이 대두되어오고 있는 실정이다.

소방전기는 소방관련 전공인 및 소방공무원, 안전 점검 및 관계인이 학습해야 할 핵심 과목이다. 물리학의 개념을 응용한 전기공학, 소방전기의 학습법은 원리를 이해하고 생각을 통해 소화해서 자신의 것으로 만든다면 흥미를 가져볼 수 있는 분야이다.

예로 전기에서 가장 어렵다는 단원인 정전계 및 정자계 단원의 경우 정전계를 온전히 내것으로 만들면 정자계는 상보 관계이므로 정전계와 정자계의 각 특성인 차이점만 제대로 생각(사고력)하면 완벽하게 내것화 시킬 수 있다.

★ 사고력 학습법 1 : 공통점과 차이점을 이용한 비교

- 쿨롱의 법칙은 뉴톤의 만유인력 법칙과 비례 상수만 다를 뿐 모두 같은 식인 만유인력법칙에서 비롯된 것이다. 다시 말해 중력장($F = mg$)인지, 운동장($F = ma$)인지, 전기장($F = QE$)인지, 자기장($F = mH$)인지 다루는 장(Field)만 다를 뿐 모두 만유인력법칙인 중력장에서 비롯된 것이다.
- 전기력 및 자기력의 관계식인 쿨롱의 법칙을 보고 생각하기(비교) 공통점/차이점 찾아보기
- 전기력, 전기장의 세기, 전위차 이들 3가지에 대한 공통점, 차이점 생각하기 :
- 결론 : 거의 같은 식이다 그래서 자꾸만 헷갈린다.
- 해결방법 : 헷갈림을 제거하고 온전히 내 것으로 만드는 법은 사고력 학습방법 중의 하나인 공통점과 차이점을 비교해보는 방법이다.
  - 공통점은 하나로 통일해서 생각하기
  - 차이점은 또렸이 확실히 구별해서 생각하기

- 전기력 F과 전기장의 세기 E 차이점 생각하기 :
  - 전기력에는 $Q_1 \times Q_2$이고, 전기장의 세기에는 $Q_1 \times 1$(단위 전하)이다.

★ 사고력 학습법 2 : 비례식 활용하기

물리학이나 전기공학, 소방설비에서는 비례식만으로도 계산문제의 30% 정도는 풀어낼 수 있다. 굳이 공식자체가 필요 없다.

- 배율기와 분류기 문제 : 공식을 외우지 않고도 쉽게 원하고자 하는 답을 얻을 수 있는 게 배율기와 분류기 계산문제이다. 본문에서 확인해보기
  - 비례식으로부터 배율기와 분류기 공식을 꾸역꾸역 만들어 낸 것이다.
  - 공식을 이용하면 몇분 걸리는 문제를 비례식을 이용하면 그냥 생각만으로 5초면 풀 수 있다. 본문에 학습법을 기록해놓았음

★ 본 책에서는 키르히호프의 전류 및 전압분배법칙을 기본으로 직렬 및 병렬합성을 간단히 유도할 수 있는 과정을 소개를 통해 사고력 학습법도 소개한다.

★ 직선운동에 대한 속도와 대응되는 회전에 대한 속도인 회전속도의 유도과정도 생각을 통해 자신으로 것으로 만드는 사고력 학습법을 익힐 수 있도록 본서에 수록하였다.

- 회전속도라는 용어는 물리학이나 전기공학분야에 없고 각속도로 표기하지만 원래 직선운동과 달리 회전운동에 대한 빠르기 이므로 화전속도라는 용어가 더 올바른 용어이다.

본서는 소방 및 전기분야의 전기를 공부하고자 하는 학습자 또는 소방설비기사 및 산업기사를 준비하는 전공자나 수험생들에게 전공은 물론 사고력 학습법까지 습득할 수 있는 계기가 되었으면 하는 바램으로 저술하였다.

더 많은 사고력 학습법으로 집필하기를 바랬지만 본서에 수록된 정도만으로도 생각하면서 공부하는 방법을 습득할 수 있고, 이를 바탕으로 다른 단원, 다른 교과목에서도 충분히 확장, 적용시킬 수 있을 것으로 기대하며…
학습법에 대한 독자들의 무궁한 진화를 기대합니다.

저자 올림

목차

CHAPTER 01 전기의 역사

CHAPTER 02 직류 회로

CHAPTER 03 정전계

CHAPTER 04 자기장

CHAPTER 09 전기기기

전기의 역사

1.1 정전기 발견

최초로 전기적인 현상을 발견한 사람은 기원전BC 600년경의 탈레스이다. 탈레스는 소금장수로 철학자이자, 수학자, 물리학자, 천문학자였다.

- 철학자 : 탈레스가 처음으로 철학이라는 용어를 사용한 철학의 최초 창시자로 칭한다.
- 수학자 : 피라미드의 높이를 비례식을 이용하여 구한 최초의 수학자이다.
- 물리학자 : 그 당시 보석 및 장식품으로 사용된 호박을 문지르면 정전기 현상에 의해 머리카락 실 등의 가벼운 물질을 끌어당기는 현상으로부터 정전기를 최초로 발견하였다.
- 천문학자 : 한 달을 30일, 일식 365일을 최초로 계산하였다.

그림. 탈레스(Thales)

1.2 전기의 발명가

물리, 전기 분야의 과학자들이 이루어낸 업적을 통해 다양한 산업화 그리고 일상생활 등에서 널리 유용하게 활용되고 있으며 앞으로도 더욱 다양하게 전기 기술이 발전할 전망이다.

1) 오옴(Ohm)

- 전기에서 가장 널리 사용되는 전류, 전압 및 저항과의 관계식인 오옴의 법칙을 발견하였다.
- 오옴의 이름을 따서 저항의 단위로 오옴[Ω]을 쓴다.

2) 벤자민 프랭클린

프랭클린은 피뢰침을 발명하였다. 전기와 관련된 실험과 발견으로 유명한 과학자이다.

- 정전기 실험 : 금속 막대를 붙인 연을 구름 속으로 날려 양전기와 음전기가 있음을 확인하였다. 이 정전기를 병에 담는 실험을 하였다.
- 벼락 현상 : 비구름 하단에서 나타나는 음전하가 지표면에 유도된 양전하를 끌어당기는 과정에서 나타나는 현상이다.

그림. 벼락 현상

3) 볼타(Alessandro Volta)

- 전지(전기 배터리)를 최초로 발명한 이탈리아의 물리학자이다.
- 볼타의 이름을 따서 전압의 단위로 볼트[V]를 쓴다.

4) 마이클 패러데이(Michael Faraday)

- 패러데이는 전자기유도의 법칙(페러데이 법칙)을 공식시킨 영국 과학자이다.
- 전자기유도 법칙의 원리로부터 발전기, 변압기를 개발할 수 있었다.

5) 토머스 에디슨(Thomas Edison)

- 에디슨은 전기를 상용화시키는데 기여한 미국의 발명가이다.
- 최초 전력회사 설립, 백열전구를 상용화, 최초의 전력 분배 시스템을 구축하였다.

6) 니콜라 테슬라(Nikola Tesla)

- 테슬라가 개발한 교류 시스템은 전력 분배 시스템의 표준이다.
- 테슬라는 에디슨의 주장과 반대로 전기를 효율적으로 송·배전 할 수 있는 교류 전력 시스템을 주장하고 개발에 기여하였다.
- 유도 전동기와 변압기를 발명하였다.

7) 제이코 맥스웰

- 현대 전기 공학의 기반 마련한 물리학자이다.
- 맥스웰 방정식은 수학 방정식으로 전자기의 기본 법칙을 공식화하였다.
- 전자기 이론을 통해 전기적 현상과 자기적 현상이 동시에 발생되는 현상임을 설명하였다.

8) 하인리히 헤르츠

- 헤르츠는 맥스웰 방정식으로 설명한 전자기파를 실험으로 확인한 물리학자이다.
- 헤르츠의 이름을 따서 주파수의 단위로 헤르츠[Hz]를 쓴다.
- 무선통신기술의 발전과 실용화에 기여하였다.

1.3 전기의 발전

1) 윌리엄 길버트(William Gilbert)

- 전기에 대한 과학적인 연구는 17세기 영국의 물리학자 윌리엄 길버트에 의해 전기와 자기 현상을 체계화하면서 전자기학이 시작되었다.
- 최초로 전기를 Electricus라는 단어로 사용되었다.
- 최초의 과학자로 호칭되었다.

2) 스테판 그레이(Stephen Gray)

- 1729년 스테판 그레이는 전기는 양을 측정할 수 없는 두 종류의 흐름으로 전기를 잘 통하는 물질과 잘 통하지 않는 물질로 구분하는 방법을 최초로 제시하였다. 즉, 도체와 부도체를 발견하였다.

3) 뒤페(Cisternay Du Fay)

- 1733년 물리학자 뒤페는 마찰을 통한 유리전기, 수지전기에서 다른 종류의 전기끼리는 잡아당기는 인력, 같은 종류의 전기끼리는 밀어내는 척력이 존재하는 사실을 검전기 실험을 통해 발견하였다.

4) 벤자민 프랭클린(Benjamin Franklin)

- 1747년 미국 전기학자 벤자민 프랭클린은 유리전기, 수지전기를 양전기와 음전기로 각각 호칭하였다.
- 양(+)전기를 빼앗기면 음극이 되고 음(−)전기를 빼앗기면 양극이 된다고 주장하였다.

5) 헨리 캐번디시(Henry Cavendish)

- 1772년 영국 물리학자, 화학자인 헨리 캐번디시는 정전기력을 연구하였다.
- 전기메기의 쇼크에 관한 연구 등

6) 샤를 드 쿨롱(Charles Augustin de Coulomb)

- 프랑스 물리학자 샤를 드 쿨롱은 정전기력과 만유인력의 공통점으로부터 수학을 이용하여 정전

기력을 수식적으로 설명한 쿨롱의 법칙을 발견하였다.

- 쿨롱의 전기력 공식화 : 정전기가 만드는 힘은 만유인력처럼 전하 사이의 거리에 제곱에 반비례하고 전하량의 크기에 비례한다는 사실을 실험을 통해 발견하였다.
- 뒤퐁과 쿨롱이 양전하와 음전하의 존재로부터 두 전하 사이에 작용하는 전기력이 발생된다는 사실을 밝혔다.

7) 볼타(Volta)

- 1800년에 이탈리아 물리학자 볼타는 연속 전류를 공급할 수 있는 전지를 개발하였다. 즉, 도체를 이용하여 흐르는 전기를 만들었다.

그림. 볼타 전지 (사진출처 : 위키백과)

- 볼타 전지의 발명 : 구리판과 아연판 사이에 소금물을 적신 천조각을 끼워 여러 겹으로 쌓아 올려 볼타 전지를 만들었다.

8) J.J 톰슨(Joseph John Thomson)

- 영국의 실험 물리학자 J.J 톰슨은 도체에 전가 흐르는 원리 발견하였다. 즉, 자유전자를 최초로 발견하여 자유전자의 이동으로 전기가 흐른다라고 발표하였다.

9) 한스 크리스티안 외르스테드(Hans Christian Ørested)

- 덴마크 물리학자이자 실험 강연가 한스 크리스티안 외르스테드는 강연 도중에 볼타 전지에 의해 발생된 전류가 도선 주변에 있는 나침반의 바늘을 돌게 하는 현상을 우연히 발견하였다.

- 1820년 움직이는 전류가 자기력(자기장)을 발생시킨다.

10) 앙페르(Ampère, André Marie)

- 프랑스 물리학자 앙페르는 전류가 흐르는 두 도선 사이에 인력과 척력이 작용한다는 사실을 발견하였다.
- 자기의 발생은 전류에 의하여 만들어진다고 규정하였다. 즉, 흐르는 전기를 전류라고 지칭하였다.
- 앙페르의 오른나사 법칙에 의해 자기장이 형성된다.
- 전류의 단위를 앙페르의 영어 발음인 암페어로 사용하게 되었다.

11) 비오-사바르(Biot-Savart)

- 프랑스의 물리학자, 수학자, 천문학자로 전류가 자석에 미치는 힘에 관한 비오-사바르 법칙을 세웠다.
- 아주 작은 전류로 만들어지는 자기력(자기장)을 수학적인 방법으로 표현하여 계산할 수 있는 법칙이다.
  - □ 쿨롱의 법칙 : 정지해 있는 전기가 만드는 힘
  - □ 비오-사바르의 법칙 : 움직이는 전기가 만드는 힘
  - □ 앙페르 법칙 : 비오-사바르의 법칙을 기하학적으로 분석하여 비오-사바르의 힘이 자기력임을 밝혔다. 즉, 도선의 전류의 힘이 도선 주변으로 퍼져나가면서 자기력의 형태로 바뀌게 된다는 가설을 제안하였다.

12) 마이클 페러데이(Michael Faraday)

- 영국의 화학자, 물리학자인 마이클 페러데이는 원형금속인 토로이드(Troid)를 둘러싼 코일에 한쪽에서 전류를 흐르게 하여 자기력을 만들면, 다른 한쪽에서 자기력에 의한 전류가 유도되는 현상을 발견하였다.
- 전자기 유도법칙 : 테슬라의 교류발전 방식의 효시로 자기장이 변하면 그로 인해 기전력(전압)이 발생된다.
- 전기학의 대중화 : 전기력선과 자기력선으로 전기력과 자기력을 눈으로 보이는 형태로 설명하였다.

13) 제임스 클러크 맥스웰(James Clerk Maxwell)

- 영국의 물리학자 제임스 클러크 맥스웰은 빛의 속도를 수학적으로 표현하여 빛이 전자기파임을 증명하였다.
- 전기학과 자기학을 전자기학(Electromagnetic)이라는 학문으로 통합시켰다.

CHAPTER 02

직류 회로

2.1 원자의 구조

전기를 이해하기 위해 물질을 구성하는 원자 구조에 대하여 살펴본다.

물질을 이루는 원자는 원자 중심에 원자핵과 핵 주위를 돌고 있는 양의 전기적 성질을 띠는 전자로 구성된다. 다시 원자핵에는 양의 전기적 성질을 띠는 양성자와 전기인 성질을 띠지 않는 중성인 중성자로 구성되어 있다.

전기적인 성질로 보면 양성자는 양전하를 띄고, 전자는 음전하를 띈다.

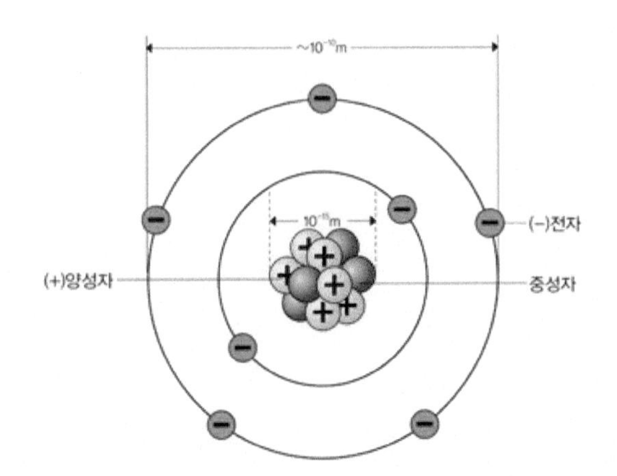

그림. 원자의 구조(참고 : 한국원자력문화재단)

원자는 양성자의 양전하량과 전자의 음전하량의 총합이 같기 때문에 전기적으로 중성을 띈다.

- 원자번호란? 물질에 따라 각 원자에 대한 양성자의 개수가 다르다. 따라서 양성자수에 따라 원자를 구별할 수 있다. 이것을 원자번호라고 한다.
  - 원자번호 = 양성자수
  - 질량수 = 양성자수 + 중성자수

- 동위원소란? 양성자수는 같고 중성자수가 다른 원자를 일컫는 말이다.

□ 질량 비교

양성자 질량은 전자 질량의 1840배이다.

즉, 양성자의 질량 = 1840 × 전자의 질량

□ 자유전자란? 원자 구조의 전자들 중에서 원자핵과 멀어져 있는 전자로 좀 더 자유롭게 이동할 수 있는 전자를 말한다.

- 금속 원자들이 금속결합을 하며 고체를 이룰 때 각 원자에서 떨어져 나온 원자가전자를 자유전자로 근사할 수 있다.

2.2 전기 발생

1) 대전 현상

대전 현상이란? 물체가 전기를 띠는 현상을 말한다.

- 유리막대나 고무막대를 모피나 천에 문지르면 전기를 띠는 대전 현상이 나타난다.
- 대전(帶電) : Electrification 또는 Charging
- 대전체(Electrified Body) : 전기를 띠는 물체

□ 실험 1 : 플라스틱 재질의 자 또는 유리막대를 옷에 문지른 후 머리카락 가까이 가져가면 머리카락이 자에 달라붙는 현상을 나타낸다.

□ 실험 2 :

- 척력 실험 : 유리막대 2개를 명주로 된 천에 문지른 후, 서로 가까이 가져가면 2개의 유리막대는 서로 밀어내는 척력이 작용한다.
- 인력 실험 : 고무막대(−전기)를 모피에 문지른 후, 유리막대(+전기)에 가까이 가져가면 2개의 막대는 서로 끌어당기는 인력이 작용한다.

2) 정전기

정전기란? 전기가 정지한 것이다.

- 물체가 전기적인 성질을 띠어 대전된 후, 다른 에너지에 의한 충격이 없으면 전기는 그대로 정지하고 있다. 이를 정전기라고 한다.

3) 전자기 현상

전기가 있는 주위에 자기가 발생되고 이 자기에 의해 다시 전기가 유기된다. 이것을 전자기 유도 현상이라고 한다.

4) 전하

전하는 물질의 자연적 현상인 기본 속성이다.

전하란? 전기를 일으키는 물리적 성질을 갖는 입자로 양(+)전하와 음(−)전하가 있다. 원자핵의 양성자가 양(+)전하를 띄고, 원자핵 주위의 전자가 음(−)전하를 띈다.

전하는 전자가 가지는 전기로 기호는 Q이고, 단위는 쿨롱 $[C]$로 쓴다.

□ 전하량은

$Q = I \cdot t \ [C]$ 이다.

- 전자(음(−)전하) 1개의 전하량 : $-1.6 \times 10^{-19} \ [C]$
- 양성자(양(+)전하) 1개의 전하량 : $+1.6 \times 10^{-19} \ [C]$

고로, $1[C] = |1.6 \times 10^{19} \ [C]$개의 전하량$|$

5) 전류

전류(Electric Current)는 전자의 이동 또는 전하의 흐름이다.

전류의 기호는 I 이고, 단위는 암페어 $[A]$로 쓴다.

□ 전류는 초(sec)당 흐르는 전하량으로

$I = \frac{Q}{t} \ [A]$ 이다.

예제 **도체에 1분(minute) 동안 2400 $[C]$의 전하량이 흘렀을 때 전류를 구하시오.**

해설
$$I = \frac{Q}{t}\ [A]$$
$$= \frac{2400\ [C]}{1분 \times 60\ [\mathrm{sec}]} = 40\ [A]$$

정답 40 $[A]$

(1) 전류의 방향

전류가 흐르는 방향은

① 물리적 현상 : 자유전자(−)가 전기적인 인력에 의해 (+)쪽으로 이동한다.

② 논리적 표현 : (+)극에서 (−)극으로 이동한다고 정의한다.

물리적으로 발견하기 이전에 이미 논리적으로 사용해 왔기 때문에 전류의 방향은 (+)극에서 (−)극으로 흐른다라고 현재까지 사용되어오고 있다.

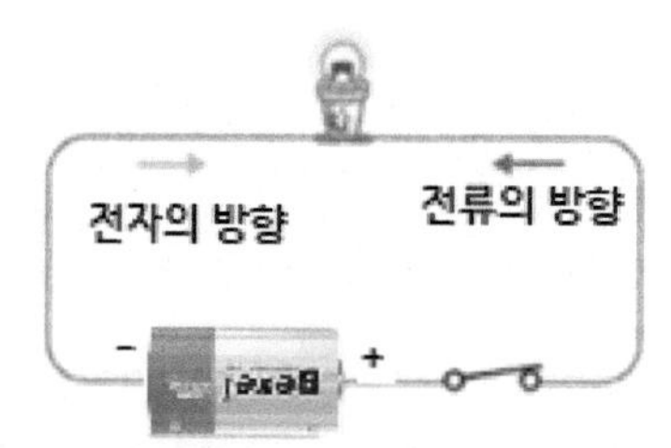

그림. 전류 및 전자의 이동방향

6) 전압

전압(Voltage)은 전류를 흐르게 하는 능력이다. 기호는 V이고, 단위도 볼트$[V]$로 쓴다.

□ 전압과 수압의 비교

- 전압은 수압과 비교하여 자주 설명된다.
- 물이 높은 곳에서 낮은 곳으로 흐르는 원리와 같이 전기의 흐름인 전류도 높은 전압에서 낮은 전압으로 흐른다.
- 전위차(Electric Potential Difference) : 전압의 높이 차이를 말하며, 전위차가 클수록 전류도 잘 흐른다.

$1\,[V]$란 전하 $1\,[C]$을 두 지점 간을 이동시키는데 드는 일 W(=에너지)을 말한다.
즉, $1\,[J]$은 $1\,[C]$와 $1[V]$의 곱이다.

$$W[J] = Q \cdot V$$

고로, 전압 $V[V] = \dfrac{W\,[J]}{Q\,[C]}$

예제 **전하량 $20\,[C]$이 두 지점간을 이동시키는데 $1000\,[J]$의 일을 한다면 몇 $[V]$의 전압이 필요한지 구하시오.**

해설 $V[V] = \dfrac{W\,[J]}{Q\,[C]}$

$= \dfrac{1000\,[J]}{20\,[C]} = 50\,[V]$

7) 기전력

기전력(Electromotive Force : EMF)이란? 도체 내의 전위차에 의해 전하를 이동시켜 전류를 흐르게 하는 힘을 말한다.

- 배터리와 같은 전원공급 장치에 의해 생성된 전압이다.
  예로, 전하 Q $1[C]$에 $1[J]$의 일 W을 시키기 위해서는 전압 V $1[V]$가 필요하다.

$$W = F \cdot S = Q \cdot E \cdot S = Q \cdot V \quad \Leftarrow F = QE,\ V = ES$$

$$W = Q \cdot V\,[J] \quad \text{or} \quad V = \frac{W}{Q}\,[V]$$

8) 저항

저항(Resistance)이란? 자유전자가 도체를 이동할 때 항상 진동하는 원자에 의해 전류의 흐름을 방해하는 현상을 말한다. 따라서 저항은 전류에 반비례하고 전압에 비례한다.

$$R = \frac{V}{I}$$

즉, 회로에 전압 $1\,[V]$를 공급하여, 도선에 전류 $1\,[A]$가 흐를 때의 저항값을 $1\,[\Omega]$이라 한다.
도선의 저항은 도체 물질의 전자의 수, 도체의 길이 및 굵기, 온도의 변화 등에 영향을 받는다.

$$R = \rho\,\frac{l}{A}$$

여기서 ρ : 고유저항(=비저항 : Resistivity)

l : 도체의 길이

A : 도체의 단면적

선로의 저항은 도체의 고유저항과 길이에 비례하고 단면적에 반비례한다.

$$\rho = \frac{1}{\sigma}$$

여기서, σ : 전기 전도도(Electric Conductivity)

9) 컨덕턴스

컨덕턴스(Conductance)란 전도도라고도 하며 전류가 얼마나 잘 흐르는지를 의미한다.
즉, 저항의 역수다.

$$G = \frac{1}{R}\ [\mho]$$

단위는 모옴(Mho) [℧] 또는 지멘스(Siemens) $[S]$를 사용한다.

2.3 옴의 법칙

옴의 법칙(Ohm's Law)은 독일 물리학자인 게오르그 옴(Georg Ohm)의 이론으로 전기회로에서 전압, 전류, 저항의 관계를 나타낸 법칙이다.
전기회로에서 전압계는 병렬로 연결하고 전류계는 직렬로 연결한다.

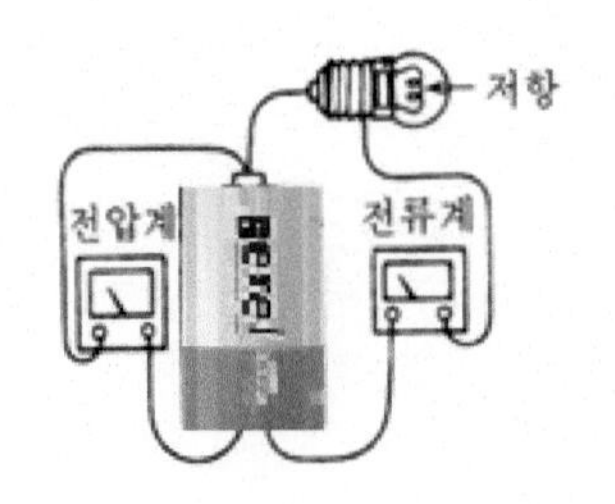

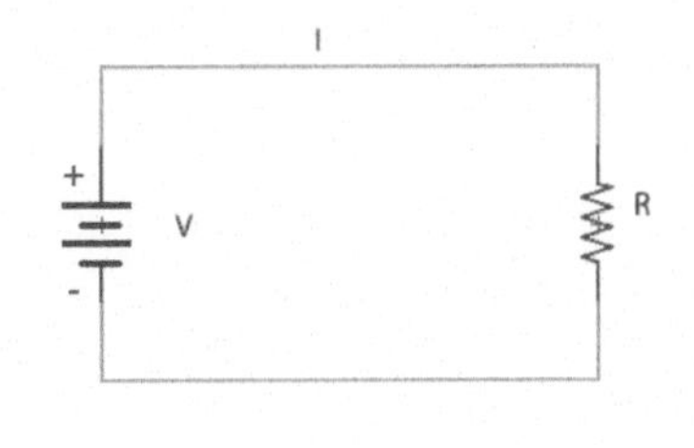

그림. 기본 회로 및 회로도

구분	기호	단위	의미
전압	V	$[V]$	전류를 흐르게 하는 압력
전류	I	$[A]$	전하의 흐름
저항	R	$[\Omega]$	전기의 흐름을 방해하는 성질

회로에서 전압의 변화에 따라 전구의 밝기가 달라진다. 전압은 전류의 흐름을 도와주고, 저항은 전류의 흐름을 방해한다.

옴 법칙의 공식은 아래와 같이 표현한다.

$$V = I \cdot R$$

여기서 V : 저항을 통과하는 전압(전위 강하)

I : 저항을 통해 회로에 흐르는 전류

R : 저항의 저항 값

도체의 저항이 일정하게 유지되면 전류가 증가함에 따라 전압이 증가하고 전류가 감소함에 따라 전압이 감소하므로 전압과 전류는 비례 관계이다.

회로에서 저항이 증가하면 전류가 감소하고 저항이 감소하면 전류가 증가하므로 전류와 저항은 반비례 관계이다.

$$I = \frac{V}{R}, \quad R = \frac{V}{I}$$

예제 **아래 회로에서 다음의 물음에 답하시오.**

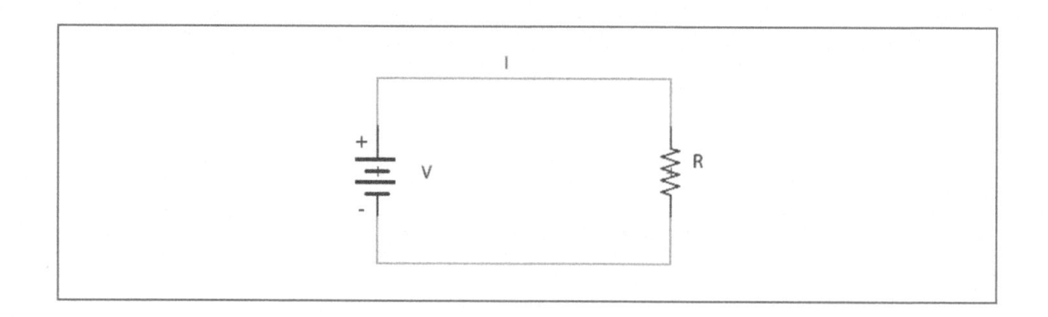

1) 전류가 5 $[A]$이고, 저항이 4 $[\Omega]$일 때의 전압을 구하시오.

해설 $V = I \cdot R$

$= 5\ [A] \times 4\ [\Omega] = 20\ [V]$

2) 전압이 20 $[V]$이고, 전류가 5 $[A]$일 때의 저항은 몇 $[\Omega]$인가?

해설 $R = \dfrac{V}{I}$

$= \dfrac{20\ [V]}{5\ [A]} = 4\ [\Omega]$

3) 전압이 20 $[V]$이고, 저항이 4 $[\Omega]$일 때의 전류는 몇 $[A]$인가?

해설 $I = \dfrac{V}{R}$

$= \dfrac{20\ [V]}{4\ [\Omega]} = 5\ [A]$

예제 **회로에서 전압계와 전류계를 부하에 연결하는 방법은?**

① 전압계는 병렬, 전류계는 직렬
② 전압계는 직렬, 전류계는 병렬
③ 전압계와 전류계 모두 직렬
④ 전압계와 전류계 모두 병렬

해설 전기회로에서 전압계는 병렬로 연결하고 전류계는 직렬로 연결한다.

정답 ①

예제 **저항 0.1[Ω]에 전압 220[V]가 인가되는 회로에서 전류는?**

① 1.1 [kA]	② 2.2 [kA]
③ 11 [kA]	④ 22 [kA]

해설 옴의 법칙 $V = I \cdot R$에서

$$I = \frac{V}{R} = \frac{220\,[V]}{0.1\,[\Omega]} = 2.2\,[kA]$$

정답 ②

2.4 전력과 전력량

1) 전력

전력이란? 전기회로에서 전원에 전압을 인가하면 전류가 전구, 전동기, 전열기 등의 부하에 전달되어 다양한 일을 한다. 이 일을 할 수 있는 전기적인 힘이 전력이다.

전력(Electric Power)은 전기회로에서 단위 시간당 전달되는 전력량(전기에너지)이다.

- 단위는 와트$[W]$와 $[J/s]$로 사용한다.

$$1\,[W] = 1\,[\frac{J}{s}] = 1\,[\frac{N \cdot m}{s}] = 1\,[\frac{kg \cdot m^2}{s^3}] = 1\,[V] \cdot 1\,[A]$$

여기서 $W[J] = F[N] \cdot S[m]$

$F[N] = m[kg] \cdot a[m/s^2]$

즉, 전력은 전압과 전류의 곱이다.

$$P = V \cdot I = \frac{V^2}{R} = I^2 \cdot R\,[W]$$

□ 마력

마력(Horse Power)은 일의 량을 시간으로 나눈 값이다. 동력이나 일률을 측정하는 단위로 영국 마력(HP)과 국제 마력(PS)이 있다.

- 영국 $1\,[HP] = 746\,[W]$
- 국제 $1\,[PS] = 736\,[W]$

예제 **전원에 전압 $100[V]$를 공급하여 전류 $20\,[A]$가 흐를 때, 부하에 전달되는 전력은?**

해설 $P = V \cdot I\,[W]$

$= 100[V] \times 20\,[A] = 2000\,[W] = 2\,[kW]$

예제 **전류 $20\,[A]$가 저항 $5\,[\Omega]$에 흐를 때, 전력은?**

해설 $P = I^2 \cdot R\,[W]$

$= 20^2[A] \times 5\,[\Omega] = 2000\,[W] = 2\,[kW]$

예제 **전압 $100[V]$를 전력 소비가 $2[kW]$인 에어컨에 공급하였을 때, 저항은?**

해설 $P = \frac{V^2}{R}$

$$2000\,[W] = \frac{100^2\,[V]}{R\,[\Omega]}$$

$$\therefore R = \frac{10000\,[V]}{2000\,[W]} = 5\,[\Omega]$$

예제 **220[V]의 전원에 접속하였을 때 2[kW]의 전력을 소비하는 저항이 있다. 이 저항을 100[V]의 전원에 접속하면 저항에서 소비되는 전력은 약 몇 [W]인가?**

① 206	② 413
③ 826	④ 1652

해설 전압 220[V], 전력 2[kW]를 알려주고 저항을 숨겼다. ⇐ 사고력 영역

$$P = V \cdot I = \frac{V^2}{R} = I^2 \cdot R\,[W]$$

□ 저항 구하기

$$2\,[kW] = \frac{220^2\,[V]}{R\,[\Omega]}$$

$$\therefore R = \frac{220^2}{2000} = 24.2\,[\Omega]$$

□ 전력 구하기

저항 24.2 [Ω]과 전압 100V로부터 전력을 구하면

$$P = \frac{100^2\,[V]}{24.2\,[\Omega]} = 413.22\,[W]$$

정답 ②

예제 100[V], 60[W]의 전구와 100[V], 30[W]의 전구를 직렬로 접속하여 100[V]의 전압을 인가했을 때 두 전구의 밝기에 대한 설명으로 옳은 것은?

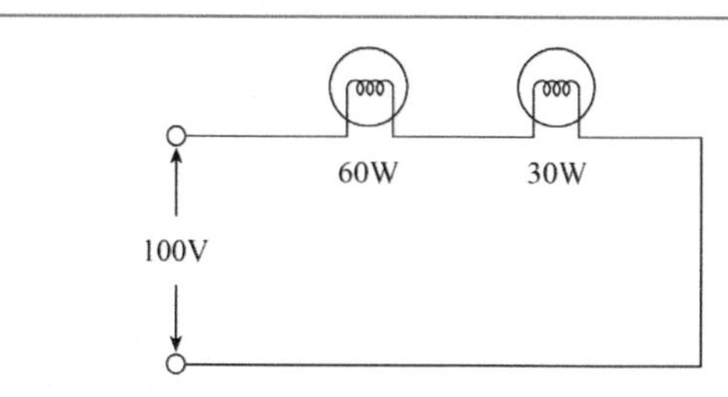

① 100V, 60W 전구가 더 밝다.
② 100V, 30W 전구가 더 밝다.
③ 인가전압이 같으므로 밝기가 똑같다.
④ 직렬접속이므로 수시로 변동한다.

해설 전력, 전압, 저항 관계

- 두 전구가 직렬연결이므로 전구에 흐르는 전류 값은 동일하다.
- 전류가 일정하므로 옴의 법칙 $V = I \cdot R$ 에서 저항이 크면 전압도 커진다.
- 저항과 밝기는 비례한다. 따라서 저항이 크면 더 밝아진다.

□ 전압분배법칙에서 큰 저항에 큰 전압이 걸린다.

고로, 전력 공식 $P = \frac{V^2}{R}$ 에서 $R = \frac{V^2}{P}$ 이므로

· $60\,[W]$ 전구의 저항$R = \frac{100^2\,[V]}{60\,[W]} = 166.67\,[\Omega]$

· $30\,[W]$ 전구의 저항$R = \frac{100^2\,[V]}{30\,[W]} = 333.33\,[\Omega]$

고로, 저항이 더 큰 $30\,[W]$ 전구가 더 밝다.

정답 ②

2) 전력량

전력량(Electrical Energy)이란? 일정한 시간 동안에 사용하여 일(에너지)을 한 전력의 양을 말한다.

- 일과 에너지 전력량은 모두 같다. 즉, 사용하는 분야에 따라 다르게 붙여진 이름이다.
- 전력량은 공급 전력에 대한 사용 시간 량으로 나타낸다.

  W(전력량)$=P$(전력)$\times t$(사용시간)

  $$W = P \cdot t$$

  $$= V \cdot I \cdot t = \frac{V^2}{R} \cdot t = I^2 \cdot R \cdot t\,[Wh]$$

- 전기요금에 대한 전력 소비량의 단위는 $[kWh]$를 사용한다.

예제 **전력 $2\,[kW]$를 5 시간$[hour]$을 사용했을 때, 전력량을 구하시오.**

해설 전력량 구하기

$$W = P \cdot t$$
$$= 2\,[kW] \times 5\,[h] = 10\,[kWh]$$

예제 **$1\,[kW]$의 전열기를 매일 3시간$[hour]$씩 20일 동안을 사용했을 경우, 전력량을 구하시오.**

해설 전력량

$$W = P \cdot t$$
$$= 1\,[kW] \times 3\,[hour] \times 20\,[day] = 60\,[kWh]$$

3) 줄의 법칙

줄(Joule) 열은 저항을 갖는 도선에 전류를 흐르게 하면 열이 발생한다. 따라서 전열기의 전력량은 열량 H으로 나타낼 수 있다.

- □ 열량 $H = P \cdot t = I^2 \cdot R \cdot t\,[J]$
- □ 에너지$[J]$를 열량$[cal]$으로 환산하면

$1\,[J] = 0.24\,[cal]$

고로, $H = 0.24 \cdot P \cdot t = 0.24 \cdot I^2 \cdot R \cdot t\,[cal]$

전력량 $1\,[kWh]$을 열량으로 환산하면 $860\,[kcal]$이다.

$$\begin{aligned}1\,[kWh] &= 0.24 \times 3600\,[\text{sec}] \times 10^3\,[cal] \\ &= 860\,[kcal]\end{aligned}$$

예제 **저항이 $10\,[\Omega]$인 도선에 전류 $3\,[A]$가 5분 동안 흐를 때, 발생하는 열량은?**

해설1 $H = 0.24 \cdot I^2 \cdot R \cdot t\,[cal]$

$$= 0.24 \times 3^2 \times 10 \times 5 \times 60 = 6480\,[cal]$$

해설2 $H = 0.24 \cdot \dfrac{V^2}{R} \cdot t\,[cal]$

$$= 0.24 \times \frac{(3 \times 10)^2}{10} \times 5 \times 60 = 6480\,[cal]$$

2.5 키르히호프의 법칙

1) 전류 · 전압 분배법칙

키르히호프 법칙(Kirchhoff's law)은 독일의 물리학자 G.R. 키르히호프가 발견한 법칙으로 전기 회로를 해석하는 방법으로 옴의 법칙만큼이나 아주 중요한 법칙이다.

복잡한 회로를 흐르는 전류를 구할 때 사용되며, 키르히호프 제 1법칙(KCL)인 전류분배법칙과 키르히호프 제 2법칙(KVL)인 전압분배법칙이 있다.

- 전류분배법칙(KCL) :

  회로 내의 임의의 한 점으로 흘러 들어오거나(+) 나가는(−) 전류의 총합은 0이다.

- 전압분배법칙(KVL) :

  폐회로에서의 모든 전위차의 합은 0이다.

예제 **100[V], 60[W]의 전구와 100[V], 30[W]의 전구를 직렬로 접속하여 100[V]의 전압을 인가했을 때 각각의 전구에 걸리는 저항을 구하시오.**

해설 전압, 저항, 전력 관계

□ 전류분배법칙(KCL)

– 두 전구가 직렬연결이므로 전구에 흐르는 전류값은 동일하다.

– 전류가 일정하므로 옴의 법칙 $V = I \cdot R$ 에서 저항이 크면 전압도 커진다.

– 저항과 밝기는 비례한다. 따라서 저항이 크면 더 밝아진다.

□ 전압분배법칙에서 큰 저항에 큰 전압이 걸린다.

고로, 전력 공식 $P = \dfrac{V^2}{R}$ 에서 $R = \dfrac{V^2}{P}$ 이므로

· 60 $[W]$ 전구의 저항 $R = \dfrac{100^2[V]}{60[W]} = 166.67[\Omega]$

· 30 $[W]$ 전구의 저항 $R = \dfrac{100^2[V]}{30[W]} = 333.33[\Omega]$

고로, 저항이 더 큰 30 $[W]$ 전구가 더 밝다.

정답 $60[W]$: $166.67[ohm]$
$30[W]$: $333.33[ohm]$

2) 저항의 합성

여러 개의 저항으로 이루어진 회로를 등가회로로 간략화시켜 해석하기 위해서는 반드시 저항의 합성을 알아야 한다.

- 직렬(한 저항의 끝 부분이 다른 저항의 끝 부분과 연결)로 연결된 여러 개의 저항에 대한 합성 저항을 구하여 하나의 등가저항으로 만들 수 있다.
- 병렬(각 저항의 끝 부분이 한 점에서 만남)로 연결된 여러 개의 저항에 대한 합성 저항을 구하여 하나의 등가저항으로 만들 수 있다.
- 직렬과 병렬이 병합된 여러 개의 저항에 대한 합성 저항을 구하여 하나의 등가저항으로 만들 수 있다.

① 저항의 직렬연결 합성

직렬연결이므로 각 저항에 걸리는 전압은 저항에 비례하여 분배되고, 각 저항에 흐르는 전류는 경로가 하나이므로 동일($I_1 = I_2 = I_3 ......$)하다.

고로, 전압분배법칙을 이용하여 직렬 합성저항 공식을 유도할 수 있다.

$KVL:\ V_0 = V_1 + V_2 + V_3 + ...$

② 저항의 병렬연결 합성

병렬연결이므로 각 저항에 걸리는 전압은 동일($V_1 = V_2 = V_3 ......$)하고, 회로가 분기되어 흐르는 전류는 저항에 반비례하여 분배된다.

고로, 전류분배법칙을 이용하여 직렬 합성저항 공식을 유도할 수 있다.

$KCL:\ I_0 = I_1 + I_2 + I_3 + ...$

2.6 합성저항

합성저항(Composite Resistance)은 여러 개의 저항이 연결되어 있는 경우 연결된 저항의 합하여 하나의 전체 저항을 말한다. 연결 방법에 따라 직렬, 병렬 그리고 직 · 병렬 방식으로 회로를 구성할 수 있다.

다수의 저항으로 구성된 회로를 편리하게 해석하기 위해서는 합성저항의 값을 구하여 하나의 합성 저항값으로 나타낼 수 있으며 이를 등가회로라고 한다.

따라서 키르히호프의 전류분배법칙(KCL)과 전압분배법칙(KVL)으로부터 합성저항을 구하는 공식을 유도하고 이를 통해 합성저항의 원리 및 연산 과정에 대해 살펴보고자 한다.

1) 저항의 연결

- 직렬회로에서는 전류가 흐르는 경로(루프)가 하나(단일)이므로 전류는 공통으로 일정하고, 전압이 분배된다.
- 병렬회로에서는 전류가 흐르는 경로(루프)가 분배되어 전류는 분배되고, 대신에 전압은 일정하다.

2) 합성저항

(1) 직렬 합성저항

다수의 저항이 직렬로 연결되어 구성된 회로에서는 전류가 일정하므로

- 전체 전류 I_0와 각 저항의 전류는 모두 동일하다.

  즉, $I_0 = I_1 = I_2 = I_3 = \dots$

  그러나

- 전체 전압 V_0은 각 저항에 분배된다.

  즉, $V_0 = V_1 + V_2 + V_3 + \dots$

  따라서 전압분배 식과 옴의 법칙으로부터 다음 식으로 나타낼 수 있다.

$$V_0 = V_1 + V_2 + V_3 + \dots \quad \Leftarrow V = IR$$

$$I_0R_0 = I_1R_1 + I_2R_2 + I_3R_3 + \dots \quad \Leftarrow I_0 = I_1 = I_2 = I_3 = \dots$$

$$\therefore R_0 = R_1 + R_2 + R_3 + \dots$$

고로, 저항의 직렬연결에서의 합성저항은 각각의 저항을 더해주면 된다.

예제 **두 개의 저항 $3\,[\Omega]$, $6\,[\Omega]$ 이 직렬로 연결된 회로가 있다. 합성저항을 구하시오.**

해설 직렬 합성저항

저항이 직렬연결이므로 합성저항은 R_0 더하면 된다.

$$R_0 = R_1 + R_2 = 3 + 6 = 9\,[\Omega]$$

(2) 병렬 합성저항

다수의 저항이 병렬로 연결되어 구성된 회로에서는 각 저항에 같은 전압이 걸리므로 전압이 일정하다.

- 전체 전류 I_0가 각 루프에 있는 저항에 분배된다.

  즉, $V_0 = V_1 = V_2 = V_3 = \dots$

  그러나

□ 전체 전류 I_0은 각 저항에 분배된다.

즉, $I_0 = I_1 + I_2 + I_3 + \ \cdots$

따라서 전류분배 식과 옴의 법칙으로부터 다음 식으로 나타낼 수 있다.

$$I_0 = I_1 + I_2 + I_3 + \ \cdots \qquad \Leftarrow \ I = \frac{V}{R}$$

$$\frac{V_0}{R_0} = \frac{V_1}{R_1} + \frac{V_2}{R_2} + \frac{V_3}{R_3} + \cdots \qquad \Leftarrow \ V_0 = V_1 = V_2 = V_3 = \cdots$$

$$\therefore \ \frac{1}{R_0} = \frac{1}{R_1} + \frac{1}{R_2} + \frac{1}{R_3} + \cdots$$

고로, 전체 병렬 합성저항 R_0는

$$R_0 = \frac{1}{\frac{1}{R_0}} = \frac{1}{\frac{1}{R_1} + \frac{1}{R_2} + \frac{1}{R_3} + \cdots}$$

고로, 저항의 병렬연결에서의 합성저항은 각 저항의 역수를 더한 후 분모에 두고 연산한다.

□ 두 개의 저항 R_1, R_2이 병렬 연결된 회로에서의 합상저항 공식은 위의 유도한 식으로부터 다음과 같은 공식을 도출할 수 있다.

$$\frac{1}{R_0} = \frac{1}{R_1} + \frac{1}{R_2}$$

$$\frac{1}{R_0} = \frac{R_1 + R_2}{R_1 \times R_2}$$

$$R_0 = \frac{1}{\frac{1}{R_0}} = \frac{1}{\frac{R_1 + R_2}{R_1 \times R_2}} \qquad \Leftarrow \text{역수를 취하면}$$

$$\therefore \ R_0 = \frac{R_1 \times R_2}{R_1 + R_2}$$

고로, 두 개의 저항의 병렬연결에서의 합성저항은 각 저항의 합을 분모에 각 저항의 곱은 분자에 두고 연산한다.

예제 **두 개의 저항 3 [Ω], 6 [Ω] 이 병렬로 연결된 회로가 있다. 합성저항을 구하시오.**

해설 저항이 병렬연결이므로 합성저항은 R_0는

$$R_0 = \frac{R_1 \times R_2}{R_1 + R_2} = \frac{3 \times 6}{3 + 6} = 2\ [\Omega]$$

예제 **저항이 10 [Ω]인 두 개의 저항을 병렬로 연결된 회로가 있다. 합성저항을 구하시오.**

해설 저항이 병렬연결이므로 합성저항은 R_0는

$$R_0 = \frac{R_1 \times R_2}{R_1 + R_2} = \frac{10 \times 10}{10 + 10} = 5\ [\Omega]$$

★ 집중 : 같은 크기의 저항이 병렬연결 시 합성저항 구하기

위의 과정으로 풀어도 되지만 간단한 방법

- 같은 크기의 저항인 2개가 병렬로 연결된 경우 합성저항 값 : 한 개 저항의 반값($\frac{1}{2}$배)
- 같은 저항 3개가 병렬로 연결된 경우, 합성저항 값은 1 개 저항의 $\frac{1}{3}$배

사고력 UP

- 직렬연결에서는 전압이 분배되므로 전압분배 식을 이용하여 합성저항의 공식이 유도된다. 전류는 일정하므로 식을 정리할 때 참조만 하면 된다.
- 병렬연결에서는 전류가 분배되므로 전류분배 식을 이용하여 합성저항의 공식이 유도된다. 전압이 일정하므로 식을 정리할 때 참조만 하면 된다.

(3) 직 · 병렬 합성저항 :

직 · 병렬 연결회로는 다수의 저항이 직렬과 병렬 연결방식으로 혼합되어 구성된 회로를 말한다.

– 먼저 병렬연결에 대한 합성저항을 구한 후, 직렬과 더하여 합성저항을 구한다.

예제 **두 개의 저항 $3\,[\Omega]$, $6\,[\Omega]$은 병렬연결이고, 이 병렬연결은 다시 저항 $8\,[\Omega]$과 직렬로 연결되어 있는 직·병렬회로가 있다. 이 회로의 합성저항을 구하시오.**

해설 저항이 병렬연결이므로 합성저항 R_0는

□ 1단계 : 병렬 합성저항 R_0을 구한 후,

병렬 합성저항 $R_0 = \dfrac{R_1 \times R_2}{R_1 + R_2} = \dfrac{3 \times 6}{3+6} = 2\ [\Omega]$

□ 2단계 : 직렬 저항과 더해서 직·병렬회로의 합성저항을 구한다.

직·병렬 합성저항 $R_0 = 2 + 8 = 10\,[\Omega]$

2.7 배율기와 분류기

1) 배율기

배율기란? 전압계의 측정 범위를 키우기 위해 회로 내에 전압계와 직렬이 되도록 외부 저항을 달아주는 것을 말한다.

(1) 배율기 원리

측정하고자하는 전원의 전압이 전압계로 측정할 수 있는 범위를 초과하는 경우 전압계에 과부하가 걸려 측정을 할 수 없다. 즉, 계측범위를 초과하게 된다. 이를 개선시키기 위해 외부 저항을 전압계와 직렬로 연결시켜줌으로써 전압계에 측정하고자하는 전압을 전압계의 내부 저항r과 배율기로 달아주는 외부 저항R_m에 분배시켜주는 원리이다. 이때 키르히호프 전압분배법칙 원리(KVL)가 이용된다.

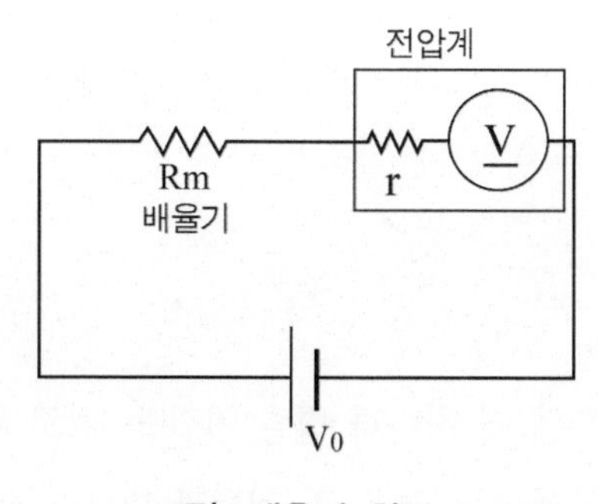

그림. 배율기 회로

(2) 공식 유도

$$I = \frac{V_0}{R_m + r} = \frac{V}{r}$$

$$\therefore V_0 = \frac{V}{r}(R_m + r) = \frac{V \times R_m}{r} + V$$

$$= V(\frac{R_m}{r} + 1)$$

$$\therefore \frac{V_0}{V} = \frac{R_m}{r} + 1$$

예제 200 [V]용 전압계를 사용하여 600 [V]의 전압을 측정하려고 할 때, 얼마 크기의 외부 저항을 달아주어야 하는가? 또한 어떤 연결방법으로 접속하여야 하는가? (단, 전압계의 내부 저항은 100[Ω]이다.)

해설 측정할 600 [V] 전압은 전압계에 200 [V]가 걸리고 나머지 600 − 200 = 400 [V]는 배율기로 달아주는 외부 저항에 분배되어야 한다. 따라서 전압계의 200 [V]에 대한 내부 저항이 100[Ω]이므로 나머지 600 − 200 = 400 [V]를 감당하는 외부 저항은 2배인 400[Ω]을 달아주어야 한다.

□ 비례식 이용 풀이 :

$V \propto R$ 이므로

$200\,[V] : 400\,[V] = 100\,[\Omega] : R_m$

$\therefore R_m = 200\,[\Omega]$

예제 전압계의 측정 범위를 10배로 키우고자할 때, 배율기용 외부 저항은 전압계 내부 저항의 몇 배 크기를 달아주어야 하는가?

해설 내부 저항과 외부 저항에 걸리는 전압의 합이 전체 측정하고자하는 전압이다. 고로, 내부 저항을 1배로 두고 나머지 외부 저항이 몇 배가 되어야 천체 10배가 되는지? 를 묻는 문제이다.
즉, 식으로 표현하면

$1배 + R_m = 10배$

$\therefore R_m = 9$ 배

2) 분류기

분류기란? 전류계의 측정 범위를 키우기 위해 회로 내에 전류계와 병렬이 되도록 외부 저항을 달아주는 것을 말한다.

(1) 분류기 원리

측정하고자하는 전류가 전류계로 측정할 수 있는 범위를 초과하는 경우 전류계에 과부하가 걸려 측정을 할 수 없다. 즉, 계측범위를 초과하게 된다. 이를 개선시키기 위해 외부 저항(분배 저항)을 전류계와 병렬로 연결시켜줌으로써 전류계에 측정하고자하는 전류를 전류계의 내부 저항r과 분류기로 달아주는 외부 저항R_s에 분배(Shunt)시켜주는 키르히호프 전류분배법칙 원리(KCL)를 이용한다.

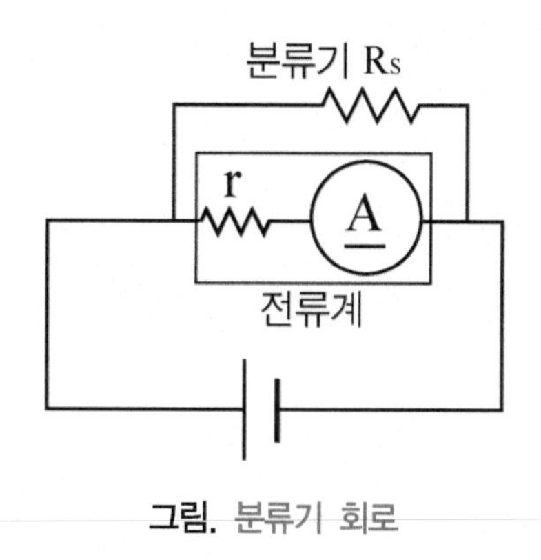

그림. 분류기 회로

2.8 휘트스톤 브릿지

휘트스톤 브릿지(Wheatstone's Bridge)는 회로의 모양이 사각형을 45° 회전시킨 모양으로 각 사각형 변의 서로 마주보는 저항 값을 곱했을 때 대칭되는 값들이 같게(평형상태) 되면 그 중간을 가로지르는 연결부위에는 전류가 흐르지 않는다. 즉 평형상태로 전위차가 존재하지 않는다는 특징을 갖는다.

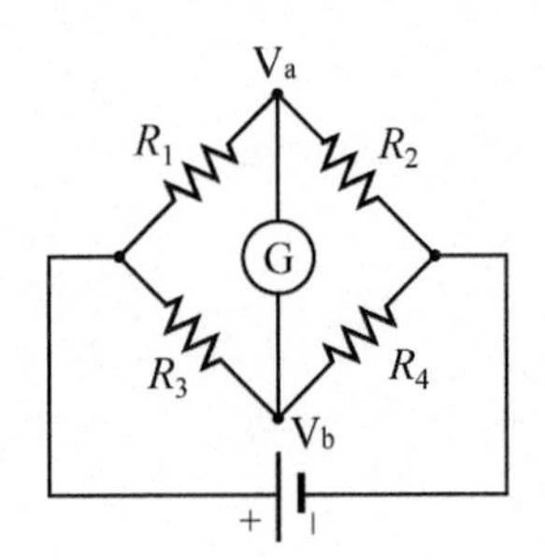

그림. 휘트스톤 브릿지

□ 평형상태 :

$V_a = V_b$ 이므로 전위차가 없다. 고로 V_a, V_b 사이에 흐르는 전류는 없다.

즉, 검류계의 전류값은 $I = 0\,[A]$ 이다.

$R_1 \cdot R_4 = R_2 \cdot R_3$

□ 불평형상태 :

$V_a \neq V_b$, $\therefore I \neq 0$

$R_1 \cdot R_4 \neq R_2 \cdot R_3$

즉, 평형상태일 때, 마주 보는 저항 값이 같다는 원리를 이용하면 저항 값 3개를 알면 나머지 1개의 저항 값을 구할 수 있다. ⇐ 사고력

예제 **다음 회로에서 $R_1 = 50\,[\Omega]$, $R_3 = 5\,[\Omega]$, $R_4 = 30\,[\Omega]$ 일 때, $R_2 = ?\,[\Omega]$ (단, 검류계의 지시값은 0이다.)**

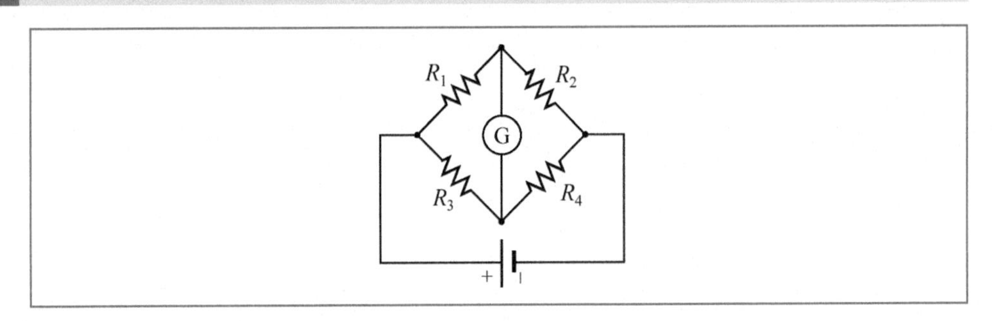

해설 휘트스톤 브릿지

▫ 검류계의 지시값은 0이다는 평형상태의 조건이다.

▫ $R_2 = ?$ 구하기

$$R_1 \times R_4 = R_2 \times R_3$$

$$\therefore R_2 = \frac{R_1 \times R_4}{R_3} = \frac{50 \times 30}{5} = 300\,[\Omega]$$

예제 **그림과 같은 브리지 회로의 평형 조건은? (단, 전원 주파수는 일정하다.)**

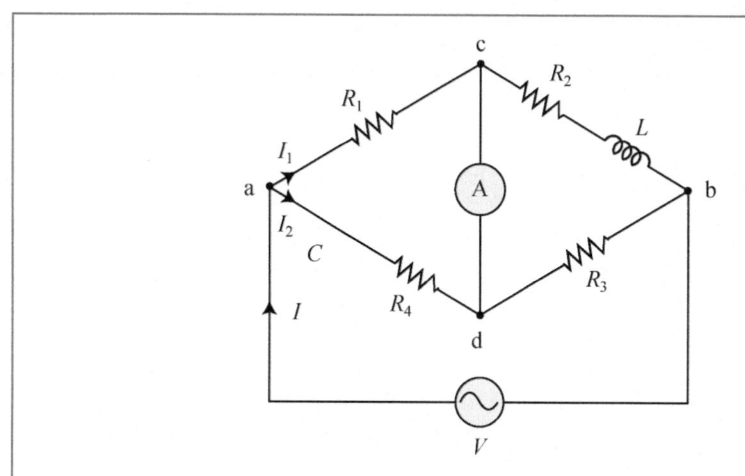

① $R_1R_3 + R_2R_4 = \frac{L}{C},\ \frac{R_4}{R_2} = \frac{L}{C}$

② $R_1R_3 + R_2R_4 = \frac{L}{C},\ \frac{R_4}{R_2} = \frac{1}{\omega^2 CL}$

③ $R_1R_3 - R_2R_4 = \frac{L}{C},\ \frac{R_4}{R_2} = \frac{L}{C}$

④ $R_1R_3 - R_2R_4 = \frac{L}{C},\ \frac{R_4}{R_2} = \frac{1}{\omega^2 CL}$

해설 ▫ 평형상태는 대각선의 곱이 같다.

$$R_1 \cdot R_3 = (R_2 + j\omega L) \cdot (R_4 + \frac{1}{j\omega C})$$

여기서 $X_L = j\omega L,\ X_C = \frac{1}{j\omega C}$ 이다.

□ 전개과정

$$R_1R_3 = (R_2R_4 - \frac{jR_2}{\omega C} + j\omega LR_4 + \frac{L}{C}) \qquad \Leftarrow 전개$$

□ 실수부 · 허수부 분리

$$R_1R_3 = (R_2R_4 + \frac{L}{C}) - j(-\omega LR_4 + \frac{R_2}{\omega C}) \qquad \Leftarrow 실수부, 허수부로 구분$$

$$R_1R_3 = (R_2R_4 + \frac{L}{C}) - j(-\omega LR_4 + \frac{R_2}{\omega C})$$

$$\therefore 실수부: R_1R_3 - R_2R_4 = \frac{L}{C},\ 허수부: -\omega LR_4 + \frac{R_2}{\omega C} = 0$$

$$\therefore 허수부: \omega LR_4 = \frac{R_2}{\omega C}$$

$$\Rightarrow \frac{R_4}{R_2} = \frac{1}{\omega^2 CL}$$

정답 ④

예제 그림과 같은 회로에서 단자 ab 사이의 합성저항[Ω]을 구하시오.

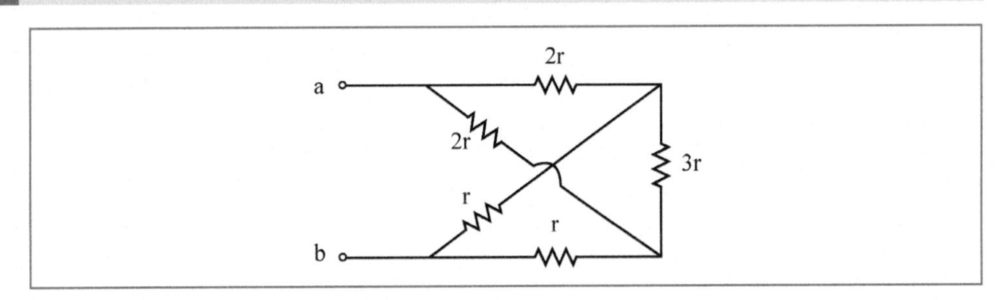

해설 휘스톤브릿지 회로의 합성저항을 구하는 문제이다.

□ 휘스톤브릿지 회로로 변형하기

단자 b를 잡고 오른쪽으로 펼치면 아래와 같은 휘스톤브릿지 형태의 회로가 된다.

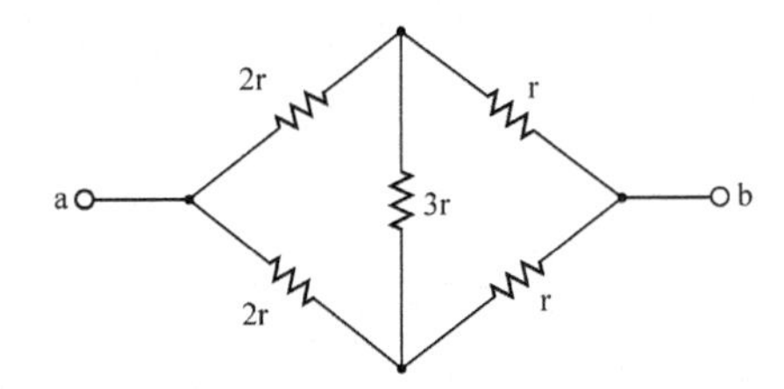

□ 평형상태 확인하기

$R_1 \cdot R_4 = R_2 \cdot R_3$

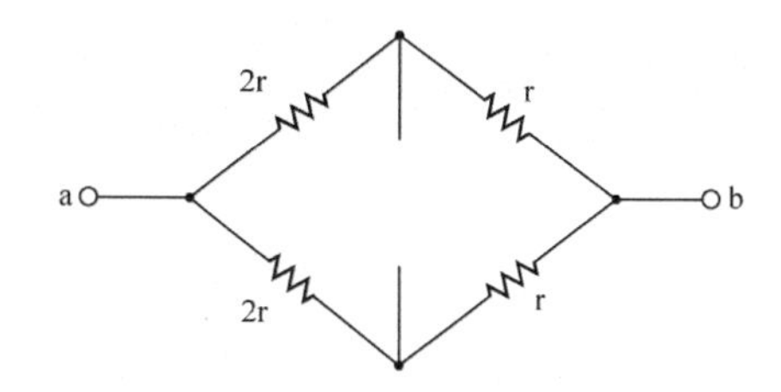

이 회로는 $2r \times r = 2r \times r$로 평형상태이므로 전위차가 없어 $3r$에 흐르는 전류는 없으므로 무시한다.

□ 합성저항 구하기

직·병렬 연결회로로 $2r$과 r은 직렬연결, $2r+r$과 $2r+r$은 병렬연결이다.

합성저항 $R_0 = \dfrac{(2r+r)\times(2r+r)}{(2r+r)+(2r+r)} = \dfrac{9r}{6r} = 1.5\,[\Omega]$

예제 **그림과 같은 브릿지 회로가 평형상태가 되기 위한 임피던스 Z값은?**

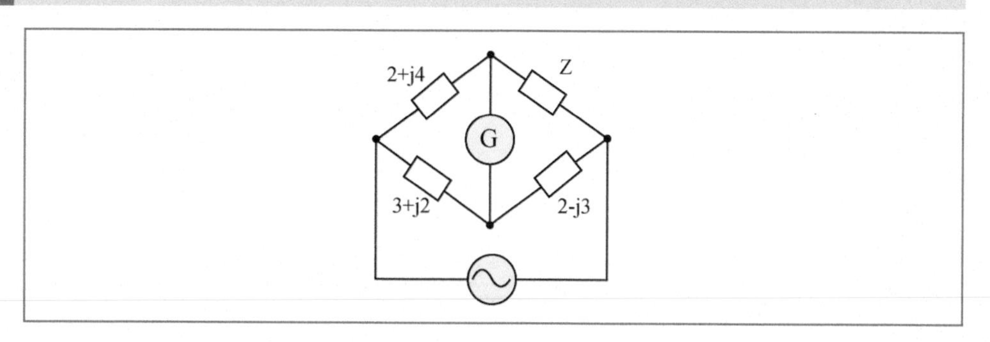

해설 조건에서 평형상태이므로

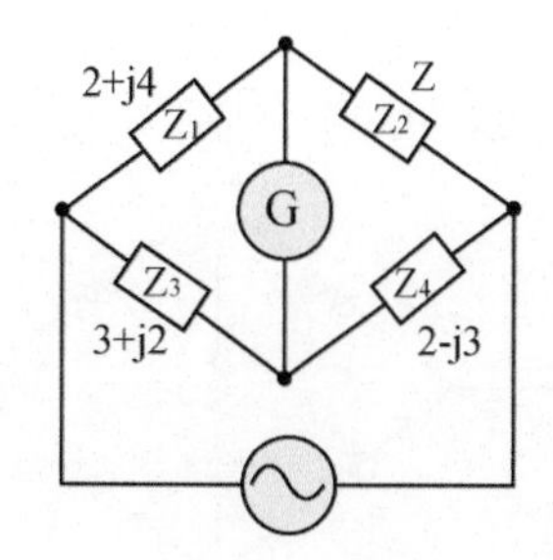

□ 평형상태의 Z 구하기

$Z_1 \times Z_4 = Z_2 \times Z_3 \qquad \Leftarrow Z = R + jX$

$(2+j4)(2-j3) = Z(3+j2)$

$$Z = \frac{(2+j4)(2-j3)}{(3+j2)} = \frac{16+j2}{3+j2}$$

□ 유리화

$$Z = \frac{(16+j2)(3-j2)}{(3+j2)(3-j2)} = \frac{48+4+j6-j32}{9+4} = \frac{52-j26}{13} = 4-j2$$

예제 **그림과 같은 회로에서 전류 I는 몇 $[A]$인가?**

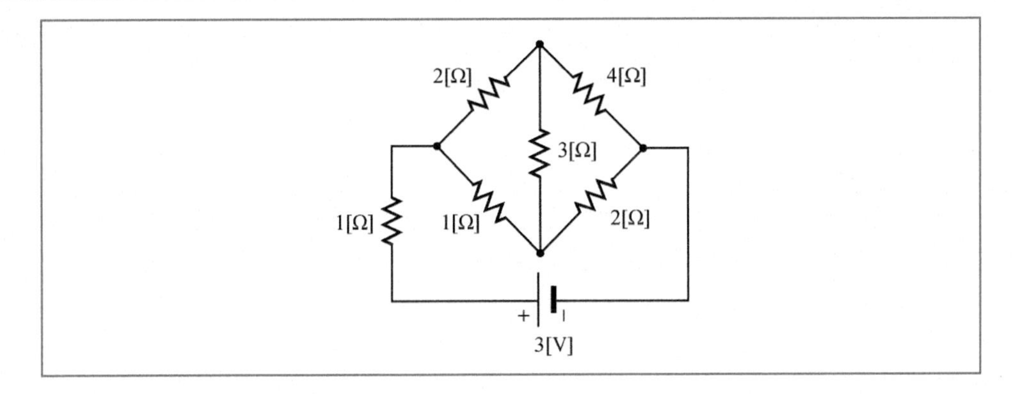

해설 □ 평형상태 확인하기

★ 생각하기 : 브릿지 회로에서 저항 값을 다 알려주는 대신에 평형상태임을 숨겼다.

$R_1 \cdot R_4 = R_2 \cdot R_3$

$\therefore 2[\Omega] \times 2[\Omega] = 4[\Omega] \times 1[\Omega]$이므로 평형상태이다. 따라서 전위차가 없어서 저항 $3[\Omega]$에는 전류가 흐르지 않으므로 무시한다.

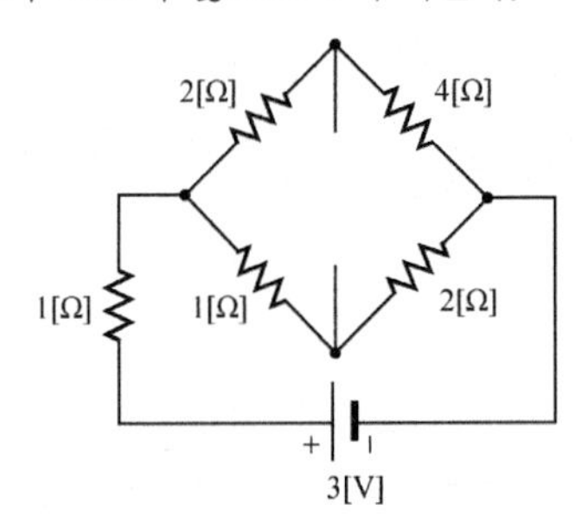

□ 브릿지의 합성저항 구하기

브릿지 회로는 직·병렬 연결이므로

- 직렬연결 합성저항 : 저항 $2[\Omega]+4[\Omega]=6[\Omega]$, $1[\Omega]+2[\Omega]=3[\Omega]$
- 병렬연결 합성저항 : 각 직렬연결의 합성저항은 서로 병렬연결이다.

브릿지의 합성저항 $R_B=\dfrac{6[\Omega]\times 3[\Omega]}{6[\Omega]+3[\Omega]}=2[\Omega]$

□ 전류 I 구하기

저항 $1[\Omega]$과 브릿지 회로의 합성저항 $2[\Omega]$과는 직렬연결이다. 따라서 전원 전압 $3[V]$은 전압분배법칙(KVL)에 의해 저항 $1[\Omega]$에 전압 $1[V]$과 $2[\Omega]$에 전압 $2[V]$각각 분배된다.

고로, 전류 $I=\dfrac{3[V]}{(1+2)[\Omega]}=1[A]$

★ 생각하기 : 난이도 UP을 위해서는 브릿지 회로에서 분배되어 흐르는 전류값을 구하라는 문제로 변형시켜 출제할 수 있다.

2.9 회로망 정리

회로에 전원이 여러 개인 경우에는 회로를 해석하는데 복잡하다. 따라서 회로를 간편하게 해석하기 위한 방법으로 중첩의 원리, 테브난 정리, 노턴 정리, 밀만 정리 등이 있다.

1) 중첩의 원리

중첩의 원리(Principle of Superposition)란? 여러 개의 전원을 포함하는 회로의 경우 전압원, 전류원을 각각 분리해서 해석한 후, 이를 다시 합쳐서 등가회로로 변환하는 원리이다.

★ 전압원과 전류원을 각각 분리시켜 해석하는 과정에서

- 전압원은 단락(Short)
- 전류원은 개방(Open)

시켜준다.

즉, 전압원을 없애기 위해서는 단락시켜야 하고, 전류원을 없애기 위해서는 개방시켜야 한다.

예제 **회로에서 저항 20[Ω]에 흐르는 전류[A]는?**

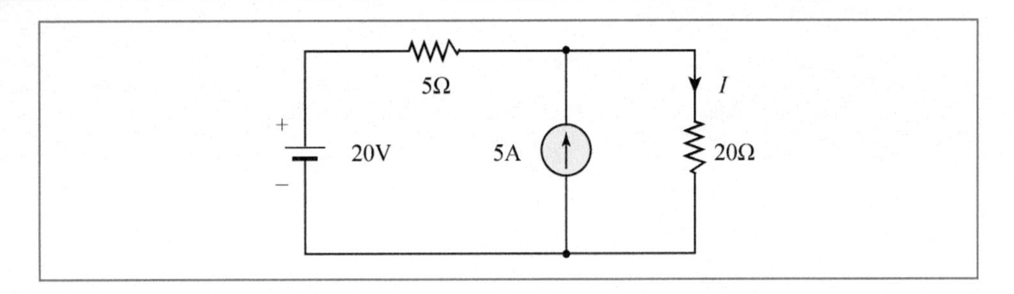

해설 중첩의 원리

□ 전류원 개방 :

$$I_1 = \frac{V}{R_1 + R_2} = \frac{20}{5+20} = 0.8\,[A]$$

□ 전압원 단락 :

$$I_2 = \frac{R_1}{R_1 + R_2} \times I = \frac{5}{5+20} \times 5 = 1\,[A]$$

□ 중첩시기기

$$0.8 + 1 = 1.8\,[A]$$

(1) 전원 변환

회로를 구성하는 전원에는 전압원과 전류원이 있으며, 단독으로 사용되기도 하지만 공동으로 구성되는 회로도 있다. 회로를 해석할 때 전압원은 전류원으로 또는 전류원은 전압원으로 등가 변환하여 단순하게 해석하는데 활용된다.

□ 전압원을 전류원으로 변환 시 : 직렬로 연결된 전압원 V_s과 저항 R으로부터 옴의 법칙을 이용하여 전류원을 구하여 대체한다.

$$I_s = \frac{V_s}{R} \qquad \Leftarrow V = I\,R$$

전류원으로 변환하는 회로는 결정한 전류원과 저항을 병렬로 구성된다.

□ 전류원을 전압원으로 변환 시 : 병렬로 연결된 전류원I_s과 저항R으로부터 옴의 법칙을 이용하여 전압원을 구하여 대체한다.

$$V_s = I_s R \qquad \Leftarrow V = I R$$

전압원으로 변환하는 회로는 결정한 전압원과 저항을 직렬로 구성된다.

□ 전원 변환의 장점

– 복잡한 회로를 단순화시킬 수 있다.

– 전압, 전류, 전력 값을 결정하는데 용이하다.

2) 테브난 정리

테브난 정리(Thevenin's Theorem)란? 선형 회로에서 회로를 해석하는 경우 1개의 전압원인 테브난 전압V_{Th}과 1개의 직렬저항인 테브난 저항R_{Th}의 회로로 등가변환 시킬 수 있는 정리이다.

★ 테브난 적용 과정

- 1 단계 : 두 단자 사이의 모든 전압원은 단락시키기
- 2 단계 : 두 단자 사이의 테브난 저항(합성저항)R_{Th}을 구하기
- 3 단계 : 두 단자 사이의 테브난 전압V_{Th}을 구하기
- 4 단계 : R_{Th}와 V_{Th}로 등가회로 나타내기

예제 **그림의 회로를 테브난 등가회로로 변환하시오.**

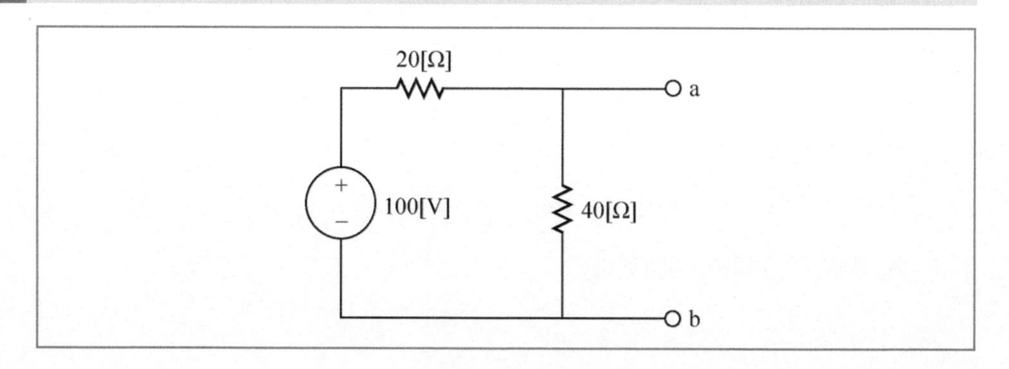

해설 □ $R_{Th}=?$ 구하기

전압원을 단락시킨 후 테브난 저항R_{Th}을 구한다.

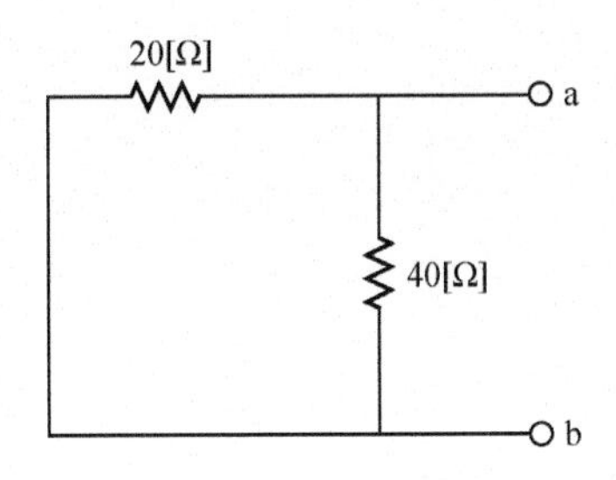

$$R_{Th}=\frac{20\,[\Omega]\times 40\,[\Omega]}{20\,[\Omega]+40\,[\Omega]}=13.33\ [\Omega]$$

□ $V_{Th}=?$ 구하기

저항 $40\,[\Omega]$에 걸리는 테브난 전압 V_{Th}을 구한다.

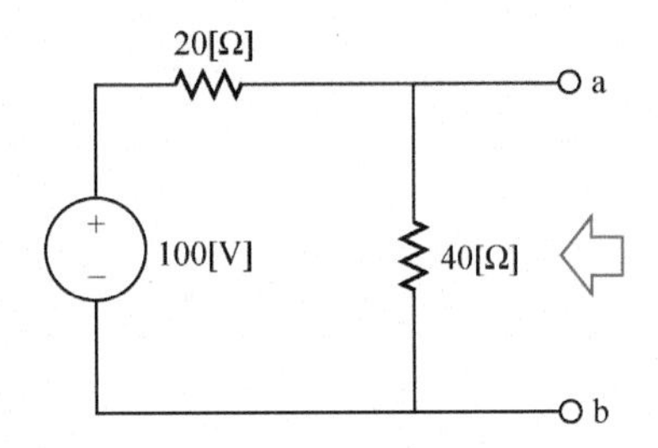

$$V_{Th}=\frac{40\,[\Omega]}{20\,[\Omega]+40\,[\Omega]}\times 100\,[V]=66.67\,[V]$$

□ 테브난 등가변환 회로

1개의 테브난 전압V_{Th}과 1개의 테브난 저항R_{Th}의 직렬연결로 등가변환시킬 수 있다.

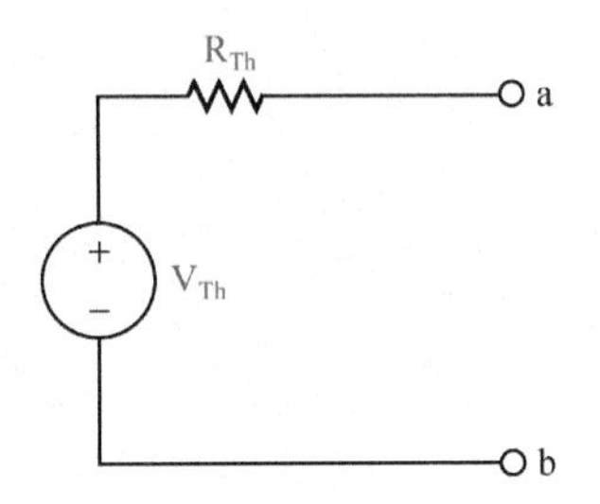

3) 노턴 정리

노턴 정리(Norton's Theorem)란? 선형 회로에서 회로 해석 시 1개의 전류원I_N과 1개의 병렬저항 R_N의 연결로 등가변환시킬 수 있는 정리를 말한다.

★ 노턴 정리의 적용 단계

- 1 단계 : 전압원을 단락시키기
- 2 단계 : 두 단자 사이의 노턴 저항R_{No} 구하기
- 3 단계 : 두 단자 사이를 단락시켜 노턴 전류I_{No} 구하기
- 4 단계 : R_{No}와 I_{No}로 등가회로 나타내기

예제 **그림과 같은 등가회로에서 노턴의 정리를 이용한 전류원을 구하시오.**

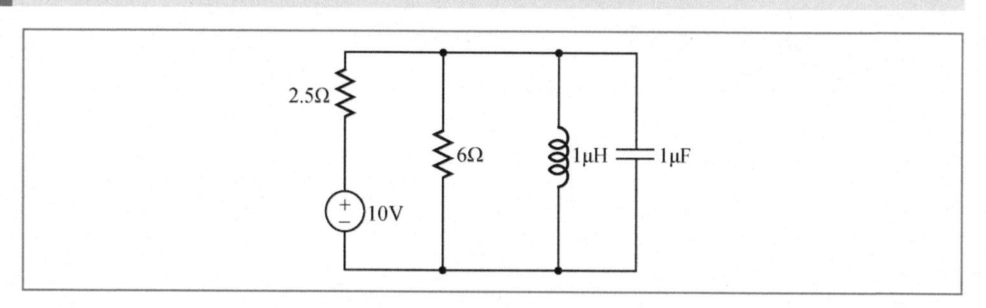

해설 노턴 정리

전압원V_{Th}과 직렬저항R_{Th}으로부터 전류원I_N을 구한다.

□ 전류원I_N = ? 구하기

$$\text{전류원 } I_N = \frac{V_{Th}}{R_{Th}} = \frac{10\,[V]}{2.5\,[\Omega]} = 4\,[A]$$

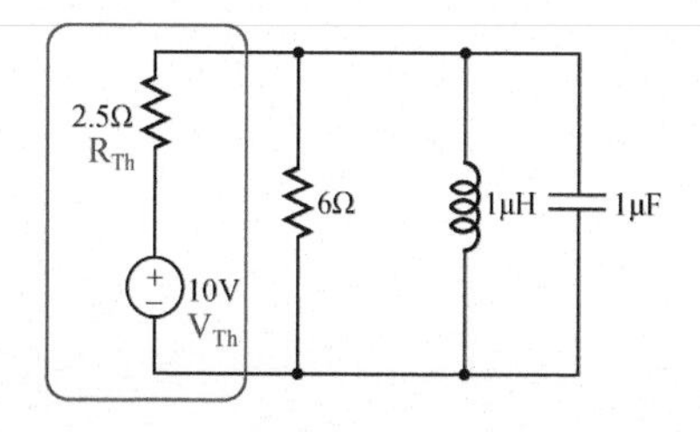

□ 노턴 등가변환 회로

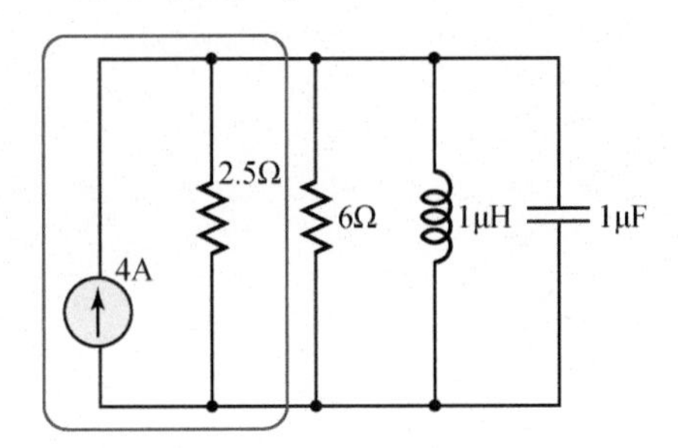

예제 **그림의 선형 회로를 테브난과 노턴 등가회로로 변환하시오.**

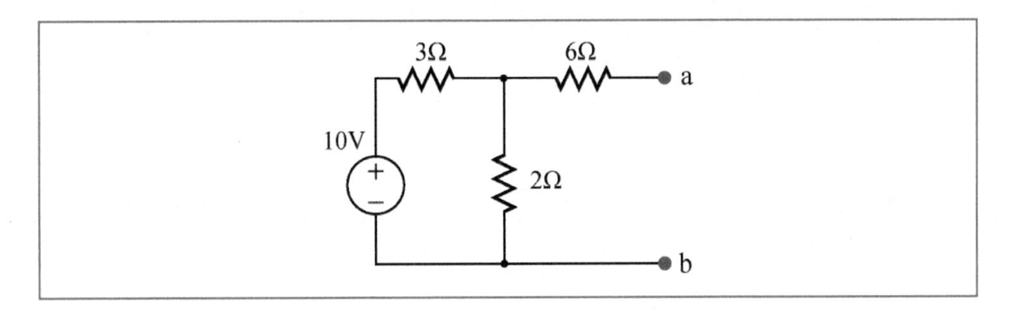

해설

□ $R_{Th} = ?$ 구하기

전압원을 단락시킨 후 테브난 저항R_{Th}을 구한다.

$$R_{Th} = \frac{3\,[\Omega] \times 2\,[\Omega]}{3\,[\Omega] + 2\,[\Omega]} = \frac{6}{5}\,[\Omega] = 1.2\,[\Omega]$$

□ $V_{Th} = ?$ 구하기

저항 $2\,[\Omega]$에 걸리는 테브난 전압 V_{Th}을 구한다.

$$V_{Th} = \frac{2\,[\Omega]}{3\,[\Omega] + 2\,[\Omega]} \times 10\,[V] = 4\,[V]$$

□ 테브난 등가변환 회로

1개의 테브난 전압 V_{Th}과 1개의 테브난 저항 R_{Th}의 직렬연결로 등가변환시킬 수 있다.

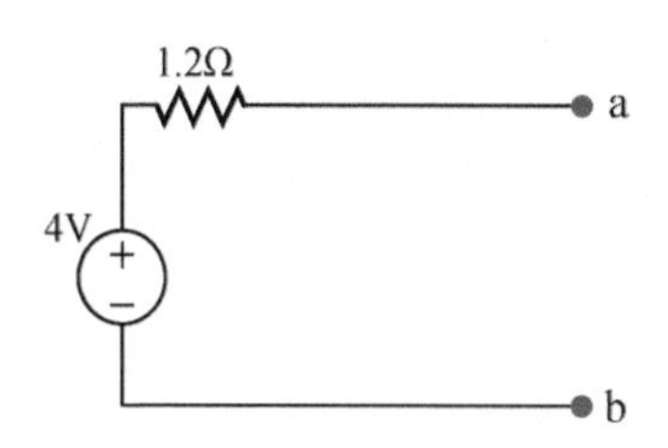

□ 노턴 전류 $I_N = ?$ 구하기

$$I_N = \frac{V_{Th}}{R_{Th}} = \frac{4\,[V]}{1.2\,[\Omega]} = 3.33\,[A]$$

□ 노턴 등가회로 변환

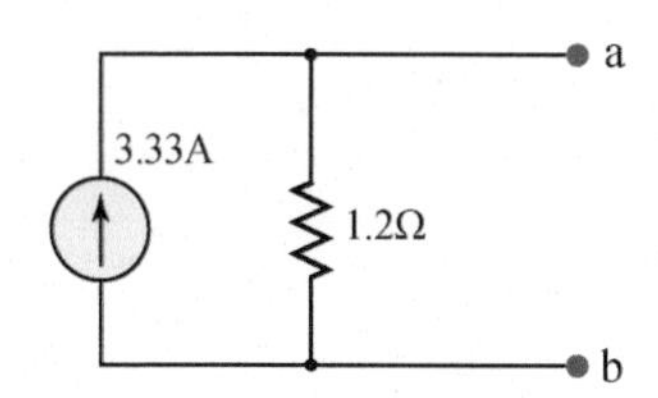

예제 **그림의 회로에서 20 [Ω]의 저항이 소비하는 전력은?**

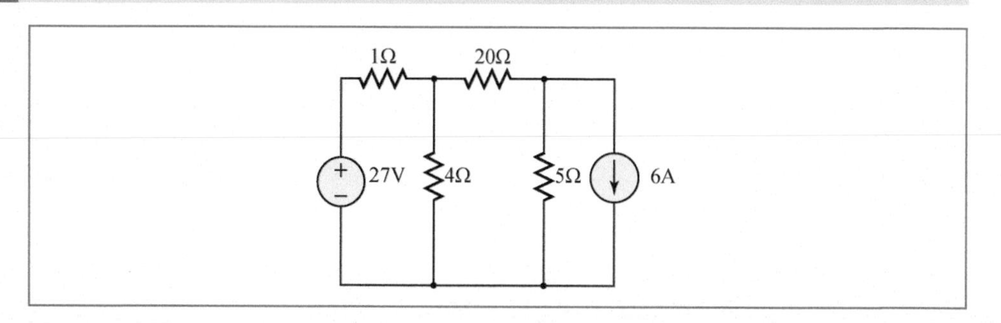

해설 □ 분리

1) 테브난 정리

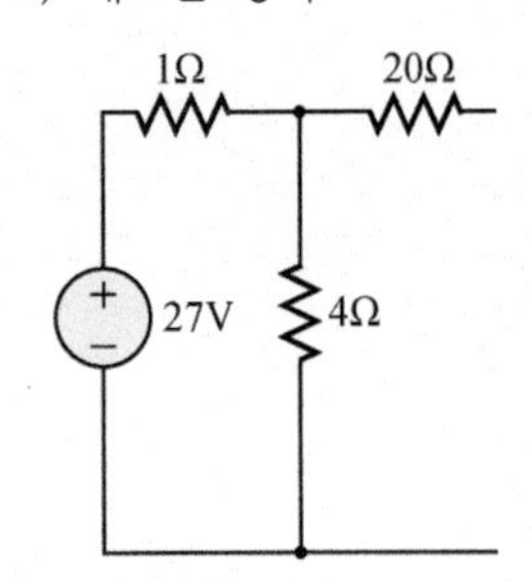

2) 노턴의 정리

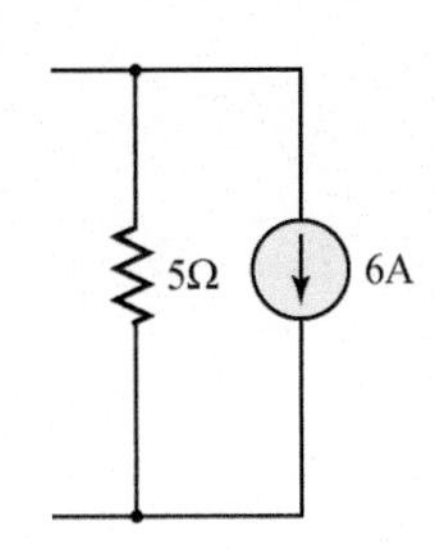

□ 테브난 정리에서

· 테브난 저항$R_{Th} = 1//4 = \dfrac{1\,[\Omega] \times 4\,[\Omega]}{1\,[\Omega] + 4\,[\Omega]} = \dfrac{4}{5}\ [\Omega]$

· 테브난 전압$V_{Th} = 27\,[V] \times \dfrac{4\,[\Omega]}{1\,[\Omega] + 4\,[\Omega]} = 27\dfrac{4}{5}\ [V]$

□ 노턴 회로를 테브난 회로로 등가변환하면

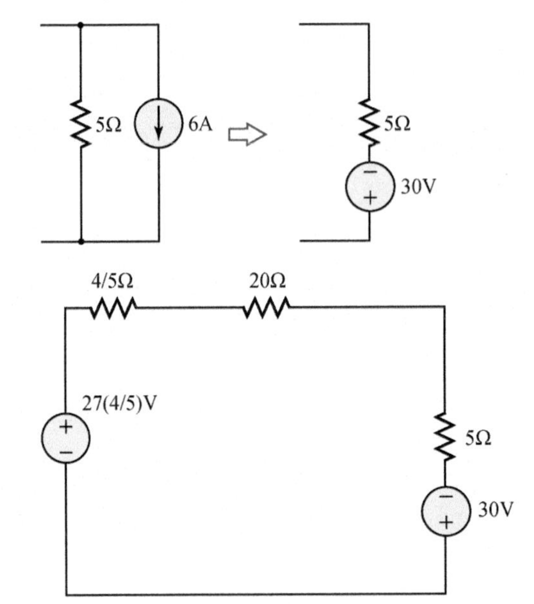

□ 전류$I = ?$ 구하기

고로, 전류 $I = \dfrac{(27\dfrac{4}{5} + 30)\,[V]}{(\dfrac{4}{5} + 20 + 5)\,[\Omega]} = 2\,[A]$

□ 전력$P=?$ 구하기

전력 $P=I^2R=2^2\times 20=80\,[W]$

예제 **회로에서 a와 b 사이에 나타나는 전압 V_{ab}[V]는?**

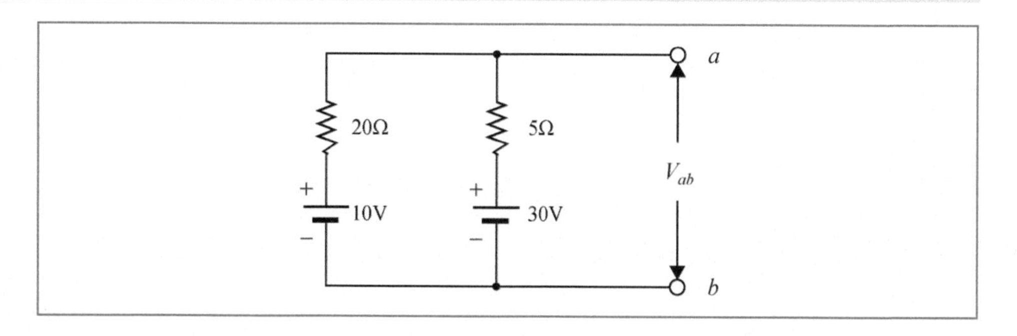

해설 밀만의 정리

$$V_{ab}=\frac{\frac{E_1}{Z_1}+\frac{E_2}{Z_2}+\frac{E_3}{Z_3}+....}{\frac{1}{Z_1}+\frac{1}{Z_2}+\frac{1}{Z_3}+...}$$

$$=\frac{\frac{10}{20}+\frac{30}{5}}{\frac{1}{20}+\frac{1}{5}}=\frac{\frac{50+600}{100}}{\frac{20+5}{100}}=26\,[V]$$

2.10 전기분해

전기분해(Electrolysis)란? 전기에너지로 물질을 분해하는 과정을 말한다.

□ 전기분해 원리 : 전해질 수용액(물에 녹아 이온화되어 전류가 흐르는 물질)이 담긴 통에 전극을 담그고 직류 전류를 흘려주면, 수용액 속의 각 이온(+, −)들이 반대 전하(−, +)를 띠는 전극으로 이동하는 화학반응(산화, 환원 반응)을 일으킨다.

□ 전해질에는 염화나트륨, 염산, 황산, 수산화나트륨, 질산나트륨, 수산화칼륨 등이 있으며, 전해질의 종류와 농도에 따라 흐르는 전류의 세기가 다르다. 즉, 강한 산과 염기는 강한 전해질,

약한 산과 염기는 약한 전해질이 된다. 반대로 이온화 되지 않아 전류가 흐르지 못하는 물질인 증류수, 알코올 등을 비전해질이라 한다.

음극(-)의 막대는 더 굵어지고, 양극(+)의 막대는 얇아진다.

- 환원반응 : 음극(-)에서 양이온이 전자를 얻어 환원되는 반응이 발생한다.
- 산화반응 : 양극(+)에서 음이온이 전자를 잃어 산화되는 반응이 발생한다.

□ 페러데이의 전기분해 법칙

전기분해로 석출되는 물질의 량은 전해액을 통과하는 전하량(전기량)에 비례한다.

$$W \propto Q\,[g]$$

따라서 전기 화학당량이 K인 물질에 전류I로 t초 동안 Q의 전하량을 흘러 전기분해 했을 때, 전극의 석출량은 다음과 같다.

$$W = KIt = KQ\,[g] \qquad \Leftarrow Q = It$$

여기서, 전기 화학당량$(K = ke)$: $1\,[C]$의 전하량이 흐를 때 전기분해로 석출되는 량

1) 전지

전지Battery)란? 화학작용으로 생긴 에너지를 전기에너지로 변환하는 장치를 말한다. 두 개의 전극(+, -)과 전해질로 구성되어 있다. 두 개의 전극은 전해질과 접촉이 되어있으나 전극끼리는 직접 접촉되지 않도록 두 전극 사이에 격리판(Separator)으로 분리해 둔 구조이다.

□ 전기에너지 생성 : 한 쪽 전극에서 스스로 산화 반응으로 생성되는 전자들이 외부 회로를 통해서 장치, 기기를 통해 흐른다. 이 전자들이 전지의 다른 전극으로 흘러 들어가 전지 내부에서 환원 반응을 진행시킨다. 이런 과정을 통해서 화학반응 에너지가 전기에너지로 이용된다.

□ 전지의 종류 : 한 번 방전하면 사용할 수 없는 1차 전지(Primary Cell)와 충전하여 다시 재사용할 수 있는 2차 전지(Secondary Cell)로 분류된다.

- 1차 전지의 종류에는 알칼리 전지, 수은 전지, 리튬 1차 전지 등이 있다.
- 2차 전지의 종류에는 납 축전지, 니켈-카드뮴 전지, 니켈-수소전지, 리튬이온 전지 등이 있다.

□ 망간전지의 구조 : 양극에 탄소 막대, 음극은 아연원통의 용기를 사용하며, 전해액으로 염화아연 수용액, 감극제로 이산화망간을 사용한다.

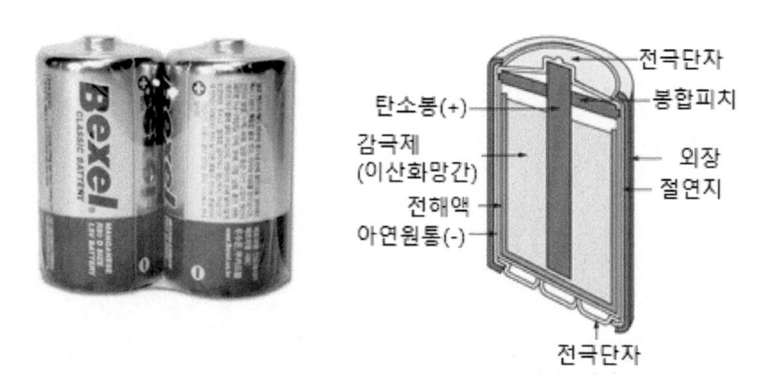

그림. 망간전지의 구조

표. 전지의 종류 및 특징

전지 종류	특징
1차 전지	1회만 사용, 충전이 안 됨
2차 전지	충전으로 재사용이 가능함
알카라인 전지	1차 전지로 가장 많이 사용됨
리듐 전지	가장 작고, 가벼운 1차 전지
납 축전지	2차 전지로 가장 많이 사용됨
니켈 · 카드뮴 전지	내구성이 좋고 충전 횟수가 많음
리듐이온 전지	고에너지 밀도, 충전시간이 짧다.

2) 열전현상

열전현상이란? 금속이나 반도체에서 열에너지를 전기에너지로 또는 전기에너지를 열에너지로 변환되어 나타나는 효과를 말한다.

열전현상의 종류에는 제백 효과, 펠티에 효과, 톰슨 효과, 줄의 법칙이 있다.

① 제백 효과(Seebeck Effect)

제백 효과의 원리는 다른 두 종류의 금속을 접합한 후 폐회로를 구성하고 각각의 금속에 다른 온도를 가하면 폐회로에 기전력이 발생한다.

제백 효과의 적용 분야는 화재감지기, 열전도 반도체, 온도측정, 온도제어 등에 활용된다.

② 펠티에 효과(Peltier Effect)

펠티에 효과의 원리는 다른 두 종류의 금속을 접합한 후 폐회로를 구성하여 직류전류를 인가하면 접합부의 한쪽은 가열(발열)이 되고 반대쪽은 냉각(흡열)되는 현상이 발생한다.

제백효과와 반대 현상으로 전기에너지를 가하면 열에너지로 변환된다.

전류의 방향을 바꾸면 냉각과 가열이 거꾸로 바뀐다.

펠티에 효과의 적용 분야는 전자냉동기 등에 활용된다.

③ 톰슨 효과(Thomson Effect)

단일(같은) 물질로 된 도체의 양 끝에 전류를 인가하면 도체의 양 끝의 온도차에 의해 열의 흡수나 방출이 발생되는 현상이다.

구리는 열을 발생시키고(가열), 철은 열을 빼앗는다(흡열).

★ **펠티에 효과와 톰슨 효과의 비교**

- 공통점은 발열과 흡열 현상을 나타내지만,
- 차이점은 펠티에 효과는 다른 금속이고 톰슨 효과는 같은 금속에서 나타나는 현상이다.

연 • 습 • 문 • 제

01 **옴의 법칙에 대하여 맞는 것을 모두 고르시오.**

① 전압은 저항에 비례한다.

② 전압은 저항에 반비례한다.

③ 전압은 전류에 비례한다.

④ 전압은 전류에 반비례한다.

⑤ 전류은 저항에 반비례한다.

정답 ①, ③, ⑤

02 **다음 중 전력 공식으로 옳은 것을 모두 고르시오.**

① $P = VI$

② $P = \frac{V^2}{R}$

③ $P = I^2R$

④ $P = IR^2$

정답 ①, ②, ③

03 **분류기로 전류를 측정하는 경우, 전류계의 내부 저항이 40[Ω]이고 분류기의 외부 저항이 10[Ω]으로 달아준다면 분류기 배율은?**

① 3배

② 4배

③ 5배

④ 16배

정답 ③

04 다음 회로의 합성저항은?

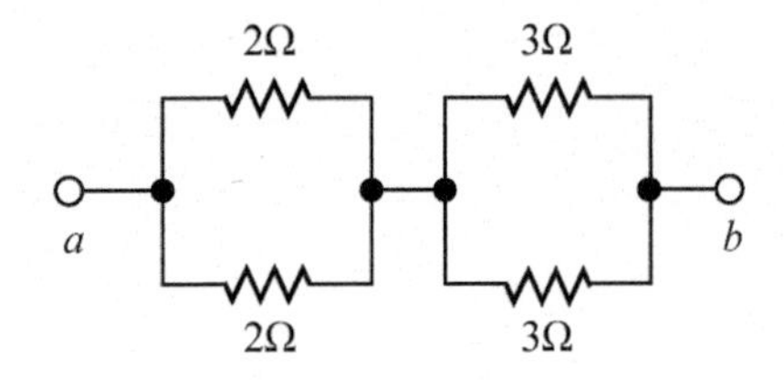

정답 $2.5[\Omega]$

05 분류기를 사용하여 내부 저항이 R_A인 전류계의 배율을 9배로 키우고자 할 때, 분류기로 달아주어야 할 외부 저항 R_s은?

① $R_s = \frac{1}{8}R_A$　　② $R_s = \frac{1}{9}R_A$

③ $R_s = 8R_A$　　④ $R_s = 9R_A$

정답 ①

06 다음 회로에서 a, b 사이의 합성저항은?

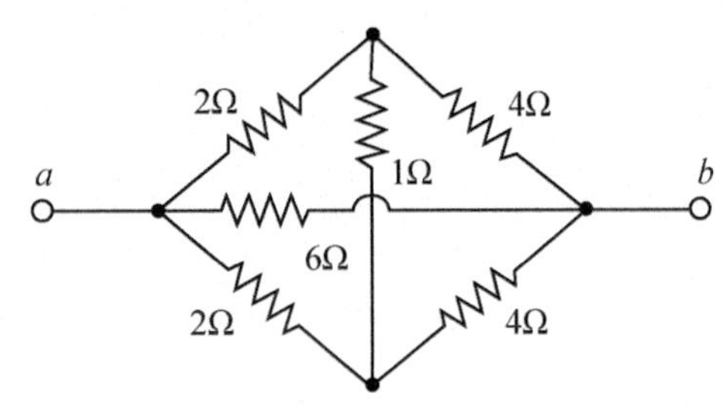

정답 $2[\Omega]$

07 0℃에서 저항이 10[Ω]이고, 저항의 온도계수가 0.0043인 전선이 있다. 30[℃]에서 이 전선의 저항은 약 몇 [Ω]인가?

① 0.013 ② 0.68
③ 1.4 ④ 11.3

정답 ④

08 직류전원으로부터 코일에 전류 10[A]가 흐른다. 이때 전원을 제거하는 즉시 저항을 연결하여 저항에서 소비된 열량이 24[cal]이었다. 이 코일의 인덕턱스는?

① 0.1[H] ② 0.5[H]
③ 2[H] ④ 24[H]

정답 ③

09 1개의 용량의 25[W]인 객석유도등 10개가 설치되어 있다. 이 회로에 흐르는 전류[A]? (단, 전원의 전압은 220[V], 선로손실 등은 무시한다.)

① 0.88 ② 1.14
③ 1.25 ④ 1.36

정답 ②

10 절연저항 시험 시 전로의 사용전압이 500[V] 이하인 경우, 1.0[MΩ] 이상이어야 한다.라는 의미는?

① 누설전류가 0.5[mA] 이하이다. ② 누설전류가 5[mA] 이하이다.
③ 누설전류가 15[mA] 이하이다. ④ 누설전류가 30[mA] 이하이다.

정답 ①

11 회로망에서 폐회로를 따라 한 방향으로 일주하면서 생기는 전압강하의 합은 그 폐회로 내의 전체 기전력의 합과 같다.라는 법칙은?

① 노튼의 정리 ② 중첩의 정리
③ 키르히호프의 전압분배법칙 ④ 키르히호프의 전류분배법칙

정답 ③

12 여러 개의 전원을 포함하는 회로의 경우 전압원, 전류원을 각각 분리해서 해석한 후, 이를 다시 합쳐서 등가회로로 변환하는 원리는?

정답 중첩의 원리

13 선형 회로에서 회로를 해석하는 경우 1개의 전압원과 1개의 직렬저항으로 회로로 등가변환 시킬 수 있는 정리?

정답 테브난 정리

14 선형 회로에서 회로 해석 시 1개의 전류원 I_N과 1개의 병렬저항 R_N의 연결로 등가변환시킬 수 있는 정리?

정답 노턴의 정리

15 데브난의 정리를 이용하여 그림(a)의 회로를 그림 (b)와 같은 등가회로로 만들고자 할 때 V_{th}[V]와 R_{th}[Ω]은?

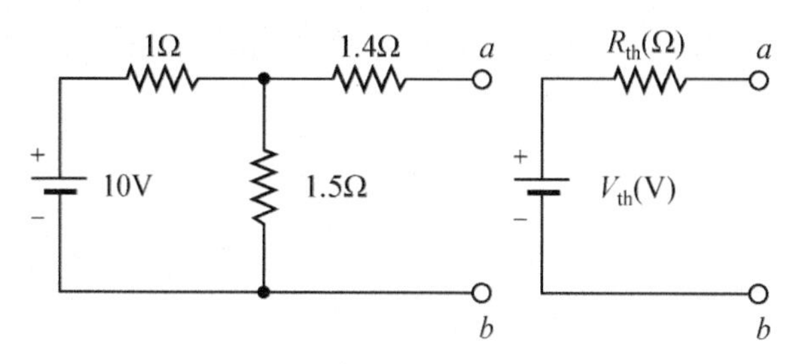

① 5V, 2Ω
② 5V, 3Ω
③ 6V, 2Ω
④ 6V, 3Ω

정답 ③

16 다음 회로에서 저항 5[Ω]의 양단에 걸리는 전압 V_R[V]은?

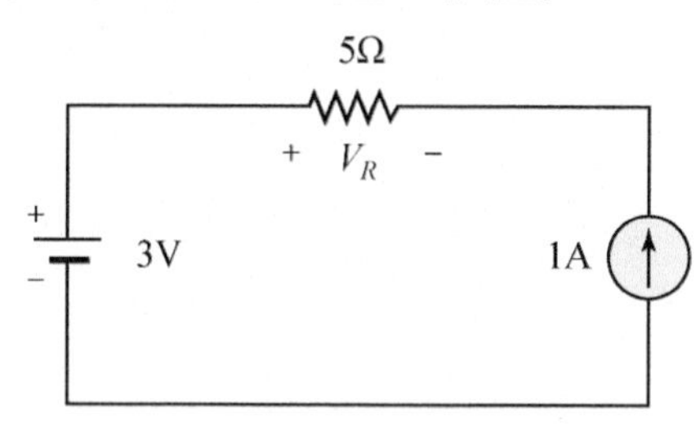

① −5
② −2
③ 3
④ 8

정답 ①

17 회로에서 전압 V_{ab}[V]는?

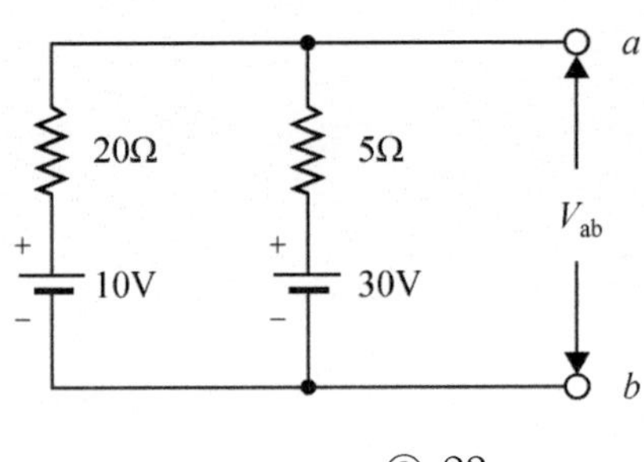

① 20　　② 23

③ 26　　④ 28

정답 ③

18 다음 회로에서 저항 20[Ω]에 흐르는 전류[A]는?

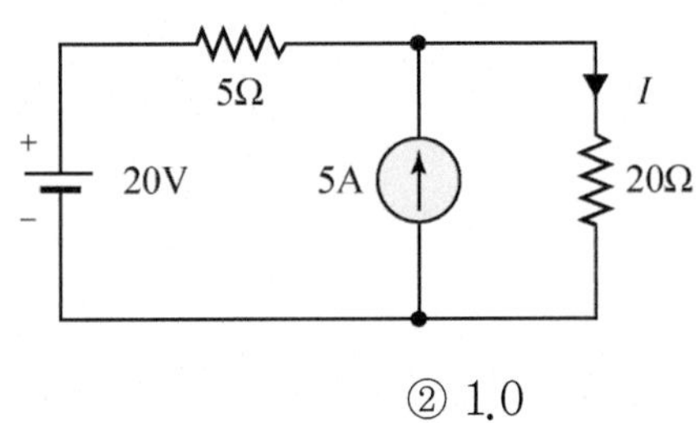

① 0.8　　② 1.0

③ 1.8　　④ 2.8

정답 ③

19 금속이나 반도체에서 열에너지를 전기에너지로 또는 전기에너지를 열에너지로 변환되어 나타나는 현상은?

정답 열전현상

20 열전현상의 종류가 아닌 것은?

① 제백 효과　　② 펠티에 효과
③ 톰슨 효과　　④ 제트 효과

정답 ④

21 다음 회로에서 전류 I[A]는?

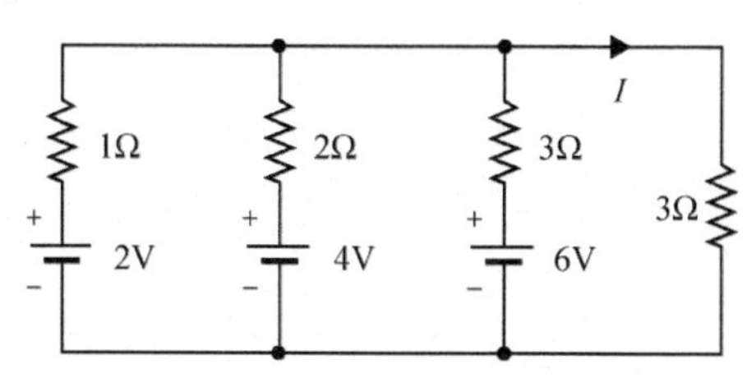

① 0.92　　② 1.125
③ 1.29　　④ 1.38

정답 ①

22 그림의 회로에서 a와 c 사이의 합성저항은?

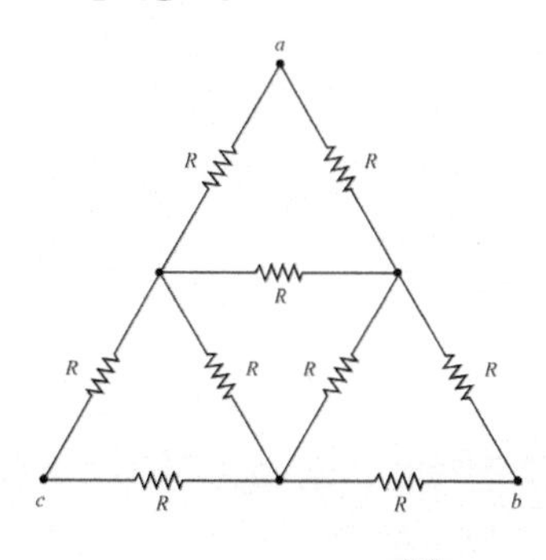

① $\frac{9}{10}R$　　② $\frac{10}{9}R$
③ $\frac{7}{10}R$　　④ $\frac{10}{7}R$

정답 ②

정전계

3.1 정전기

정전기(Static Electricity)란? 전기적 성질을 띠는 전하가 물체에 정지된 상태로 움직이지 못하는 정지된 전기를 의미한다.

1) 정전기 현상

정전기 현상이란? 물체를 이루는 원자의 구조는 중심에 원자핵과 핵 주변에 전자들이 돌고 있다. 물체에 외부로부터 충격(마찰/접촉)을 가해지면 이 전자들은 다른 물체로 이동하게 되는 현상을 말한다.

□ 정전기의 예 :
- 플라스틱 자를 문지른 후, 머릿결에 다가가면 자기 머리카락을 끌어당기는 현상,
- 자동차 손잡이를 잡다가 갑자기 정전기가 발생하는 현상,
- 털옷을 입다가 소리와 함께 발생하는 현상,

□ 정전기 발견 : 기원전 600년경에 탈레스(Thales)가 호박을 문질러 마찰을 가했더니 가벼운 털이 달라붙는(마찰전기) 것을 보고 처음으로 발견하였다.

□ 정전기에 대한 연구 : 18세기 후반에 샤를 쿨롱(Charles Augustin de Coulomb) 등에 의해 연구가 이루어져 전기의 응용과 전기자기학 발전의 기반이 되었다.

(1) 대전 현상

대전(Charging or Electrification))현상이란? 대부분 물질은 양전하량과 음전하량이 같은 평형을 이루어 전기적으로 중성을 띠고 있으나 외부의 충격에 의해 전하량의 평형을 이루지 못하여 양

전기 또는 음전기를 나타내는 현상을 말한다.

- 대전체 : 대전된 물체
- 전하량 : 대전된 물체가 띠는 전기의 량

(2) 정전유도

정전유도(Electrostatic Induction)란? 정전기가 유도되는 현상을 말한다. 즉, 대전된 물체를 대전되지 않은 물체에 가까이 가져가면 대전되지 않은 물체의 가까운 쪽에는 대전된 전하의 반대 전하를 띠고 먼 쪽에는 대전된 전하와 같은 전하를 띠도록 유도되는 현상을 말한다.

(3) 정전계

정전계(Electrostatic Field)란? 정지해 있는 전하 Q에 의해 주위에 전기에너지가 미치는 영역의 공간(Field) 즉, 전하분포의 전계 E를 의미한다.

유전체(Dielectric Material)는 극성을 가지지만 전기가 통과하는 도체와는 다르게 전기가 통과하지 않는 절연체를 말한다. 즉, 전기를 머물러 있게 하는 물체이기 때문에 에너지 저장을 위한 용도로 전지에 사용된다.

3.2 쿨롱의 법칙

쿨롱의 법칙은 정지해 있는 대전된 두 전하Q_1, Q_2 사이에 서로 상호작용하는 힘(전기력F)은 두 전하량의 곱에 비례하고, 그들 사이의 거리의 제곱 r^2에 반비례한다. 이는 만유인력 법칙에서 비롯되었다.

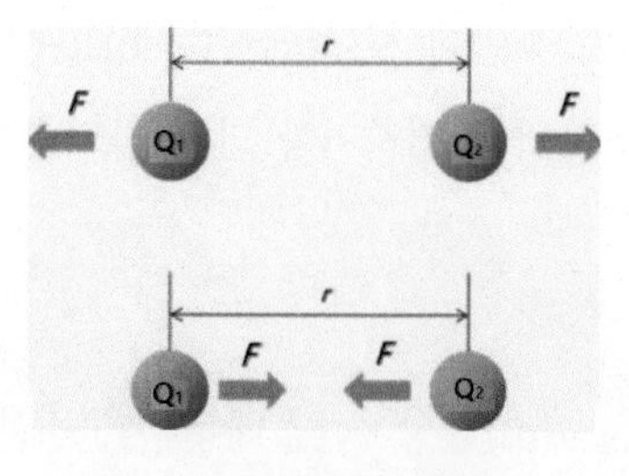

그림. 전기력(척력, 인력)

1) 만유인력과 쿨롱의 법칙 관계

만유인력 법칙은 중력장에서의 두 물체는 서로 당기는 인력(중력)만 작용하지만 전기를 띄는 전기장에서의 전기력은 서로 당기는 인력과 서로 밀어내는 척력이 존재한다.

(1) 만유인력

뉴턴의 만유인력의 방정식은

$$F = G\frac{M \cdot m}{r^2}\ [N]$$

여기서 G : 중력 상수, M: 지구, m : 사과, r : 두 물체 사이의 거리

(2) 쿨롱의 법칙

쿨롱의 전기력의 방정식은

$$F = k_e \frac{Q_1 \cdot Q_2}{r^2}\ [N]$$

여기서 k_e : 쿨롱 전기력상수, Q_1, Q_2 : 전하, r : 두 전하 사이의 거리

쿨롱 전기력 상수 $k_e = \dfrac{1}{4\pi\epsilon_0} = 9\times10^9\ \ [m/F]$

여기서 $\epsilon_0 = 8.854\times10^{-12}$: 진공 유전율

□ 유전율

$\epsilon = \epsilon_0 \cdot \epsilon_s$

여기서 ϵ_s : 매질에 따라 다른 비(比)유전율이다.

진공 중의 비유전율ϵ_s은 1이고, 공기 중의 비유전율($\epsilon_s \cong 1$)도 약 1이다.

예제 **공기 중에 거리 $0.5\,[m]$를 두고 두 개의 전하 $0.5\,[\mu C]$, $0.3\,[\mu C]$를 놓여 있을 때, 작용하는 전기력을 구하시오.**

해설 쿨롱의 법칙

만유인력 법칙의 공식에서 유래된 쿨롱의 전기력 공식을 알고 있는지를 숨겼다.

□ 쿨롱의 전기력 F_e

$$\begin{aligned} F_e &= \frac{1}{4\pi\epsilon_0\epsilon_s}\frac{Q_1 \cdot Q_2}{r^2}\,[N] \\ &= \frac{1}{4\pi\times 8.854\times 10^{-12}\times 1}\frac{0.5\times 10^{-6}\times 0.3\times 10^{-6}}{0.5^2}\,[N] \\ &= 9\times 10^9\,\frac{0.5\times 10^{-6}\times 0.3\times 10^{-6}}{0.5^2}\,[N] \\ &= 5.4\times 10^{-3}\,[N] \end{aligned}$$

2) 전기장

전기장(Electric Field)이란? 공간에 전하가 놓여 있으면 전하 주위에 전기적인 힘이 미치는 영역이 형성된다. 이를 전기장이라고 한다.

전기장의 방향은 양전하가 받는 힘의 방향이다.

(1) 전기장의 세기

전기장의 세기란? 전하에 의해 형성된 전기장의 세기를 말한다. 즉, 전기장 내에 단위 양전하 $+1\,[C]$을 놓았을 때 힘의 세기를 전기장의 세기(전계 강도) E라고 한다.

□ 전기장의 세기 E

$$\begin{aligned} E &= k_e\,\frac{Q}{r^2}\,[N/C] \\ &= \frac{1}{4\pi\epsilon}\,\frac{Q}{r^2}\,[N/C] \\ &= 9\times 10^9\,\frac{Q}{r^2}\,[N/C]\,[V/m] \end{aligned}$$

전기장의 세기는 전하 $Q\,[C]$와 단위 전하 $+1\,[C]$ 사이에 작용하는 전기력을 말한다.

$$E = \frac{1}{4\pi\epsilon_0}\frac{Q_1 \times 1}{r^2}$$

□ 전기력F와 전기장의 세기E와의 관계

$$F = E \times Q$$
$$\therefore E = \frac{F}{Q}\,[N/C]$$

따라서 두 전하 사이에 작용하는 전기력F와 전기장의 세기E와의 관계식은 다음과 같다.

$$F = Q\,E \quad \text{or} \quad E = \frac{F}{Q}$$

(3) 전위차

전위란? 전기장에 놓인 전하 $+1\,[C]$를 이동시키는데 필요한 일을 의미한다.

전기위치차(Electric Potential Difference), 전압(Voltage), 전기압력(Electric Pressure)이라고도 한다.

양전하 $+Q\,[C]$와 단위 양전하 $+1\,[C]$ 사이에는 서로 척력(반발력)이 작용한다. 이 때 $+1\,[C]$ 단위 양전하를 $+Q\,[C]$ 양전하 쪽으로 이동시키기 위해서는 척력 이상의 전기력이 필요하다. 이 전기력을 전위V라고 한다.

□ 전위차

전기장의 세기 E에서 $+1\,[C]$의 단위전하를 $+Q\,[C]$의 양전하로 이동시키는 거리r과의 관계식은 다음과 같다.

$$V = E\,r \quad \text{or} \quad E = \frac{V}{r}\ [V/m],\,[N/C]$$

고로, $V = \frac{1}{4\pi\epsilon}\frac{Q_1 \times 1}{r^2} \times r$

$$= 9 \times 10^9\,\frac{Q_1}{r}$$

□ 전위차 V와 전기장의 세기 E와의 관계

$V = E \times r$

여기서 r : 두 점 사이의 거리

고로, $V = E \times r = \frac{1}{4\pi\epsilon_0} \frac{Q_1 \times 1}{r^2} \times r$

$= \frac{1}{4\pi\epsilon_0} \frac{Q_1 \times 1}{r}$

$E = \frac{V}{r}$ $[V/m], [N/C]$

예제 **1[cm]의 간격으로 평행한 왕복 전선에 25[A]의 전류가 흐른다면 전선 사이에 작용하는 단위 길이당 힘[N/m]은?**

① 2.5 ×10^{-2} N/m(반발력)	② 1.25 ×10^{-2} N/m(반발력)
③ 2.5 ×10^{-2} N/m(흡인력)	④ 1.25 ×10^{-2} N/m(흡인력)

해설 평행한 두 도선 간에[작용하는 전기력

□ $F = \frac{\mu_0 I_1 I_2}{2\pi r}$ $\Leftarrow \mu_0 = 4\pi \times 10^{-7}$

$= \frac{4\pi \times 10^{-7} \times 25 \times 25}{2\pi \times 0.01} = 1.25 \times 10^{-7}$

□ 작용하는 힘의 방향 : 나란히는 같은 방향, 왕복은 다른 방향

- 전류의 방향이 같은(나란히) 경우 : 흡입력(들러가고, 나옴 또는 나오고, 들어감)
- 전류의 방향이 다른(왕복) 경우 : 반발력(들러가고, 들어감 또는 나오고, 나옴)

정답 ②

(4) 전기력선

전기력선(Line of Electric Force)은 전계의 세기(선의 밀도)와 방향(화살표)을 선으로 나타낸 것이다. 전속선(Electric Flux Line)으로도 사용된다.

- 전기력선의 방향 : 양전하에서 출발해서 음전하로 들어간다.
- 전기력선의 밀도 : 전기력선이 많을수록 전기장이 강하므로 전기장의 강도를 나타낸다.

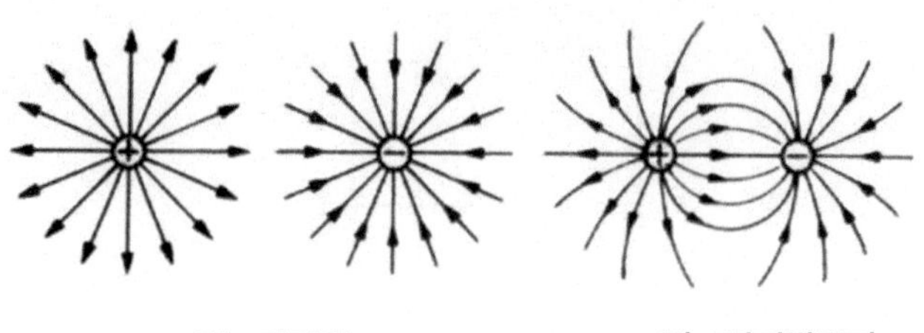

그림. 점전하 **그림.** 전기쌍극자

★ 전기력선의 성질

- 전기력선은 도체 내부에 존재하지 않는다.
- 전기력선은 도체표면과 수직(직교)이다.(전기력선과 등전위면은 서로 수직이다.)
- 전기력선은 양(+)전하에서 나와서 음(−)전하로 들어간다.
- 전기력선의 한 점에서 그은 접선방향은 전기장(전계)의 방향이다.
- 전기력선은 중간에 끊어지거나 서로 교차하지 않는다.
- 전기력선의 밀도가 클수록 전기장의 세기가 강하다.(전기력선의 밀도=전기장의 세기)
- 전기력선은 전위가 높은 곳에서 낮은 곳으로 향한다.
- 전기력선 자체만으로 폐곡선은 안 된다.

3.3 정전용량

정전용량(Electri Capacity)이란? 전기용량으로 커패시터(콘덴서)에 전압을 걸었을 때 충전되는 전하량을 말한다.

1) 커패시터

커패시터(Capacitor)는 두 도체판(전극) 사이에 유전체(절연체)가 들어있는 구조이다.
두 도체판 양쪽에 전압을 걸면 음극에는 (−)전하가, 양극에는 (+)전하가 축적되어 에너지가 저장되는 축전지이다.

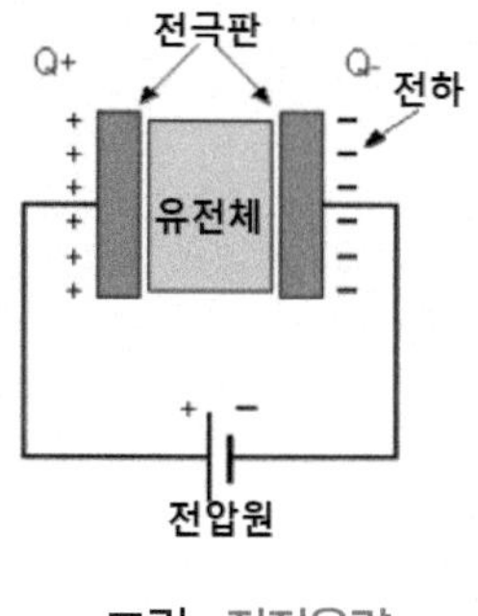

그림. 정전용량

□ 커패시터의 분류

- 고정 커패시터 : 정전용량 값이 고정된 축전지로 도체판 사이의 유전체의 종류에 따라 세라믹 축전지, 종이 축전지, 전해 축전지 등이 있다.
- 가변 커패시터 : 정전용량 값을 가변시킬 수 있는 축전지로 도체판 사이의 유전체의 종류에 따라 공기 축전지, 폴리 축전지 등이 있다.

평행한 축전기의 두 전극판 사이의 거리가 일정할 때 양 극단에 걸린 전압 V가 클수록 더 많은 전하량 Q가 대전되게 된다.

$$Q = C \cdot V \quad \text{or} \quad C = \frac{Q}{V}$$

여기서 $Q \propto V$ 서로 비례관계

C : 커패시턴스(Capacitance)는 비례상수인 정전용량, 단위는 패럿$[F]$, $[C/V]$을 쓴다.

★ 주의 : 커패시터(Capacitor)는 축전지 소자(부품)이고, 커패시턴스(Capacitance)는 정전용량인 비례상수이다.

예제 **정전용량이 $50\,[\mu F]$인 커패시터에 전압 $220\,[V]$를 인가한 경우, 전하량$[C]$을 구하시오.**

해설 커패시터의 전하량Q

$$Q = C \cdot V\ [C]$$

$$= 50 \times 10^{-6} \times 220 = 11 \times 10^{-3}\ [C]$$

(1) 축전지의 정전용량

축전지의 구조에 따라 평형판/원통형/구형 축전지가 있다. 이 중에 평행판 축전기의 정전용량에 대해 살펴본다.

두 개의 평행한 전극판이 서로 평행한 구조를 갖는 축전기를 평행판 축전기라고 한다. 평행판 축전기의 면적을 A, 전극판 사이의 거리를 d라 하고, 두 판에 전하 $+Q$와 $-Q$가 대전되어 있는 경우 정전용량은 다음과 같다.

□ 평행판 커패시터의 정전용량

$$C = \epsilon \frac{A}{d}\ [F] \qquad F: \text{Farat}$$

여기서 ϵ : 유전체의 유전율 $\epsilon = \epsilon_0 \cdot \epsilon_r$

예제 **커패시터의 면적이 $50\,[mm]$이고 전극판의 간격이 $0.5\,[mm]$, 유전체의 유전율이 10×10^{-3}일 때, 정전용량을 구하시오.**

해설 커패시터의 정정용량 C

$$C = \epsilon \frac{A}{d}\ [F]$$

$$= 10 \times 10^{-3} \times \frac{50 \times 10^{-3}}{0.5 \times 10^{-3}} = 1\ [F]$$

예제 **커패시터의 면적이 $50\,[mm]$이고 전극판의 간격이 $0.5\,[mm]$, 유전체의 비유전율이 10일 때, 전압 $220\,[V]$를 인가한 경우의 전하량$[C]$을 구하시오.**

해설 커패시터의 전하량Q

$$Q = C \cdot V$$

$$= \epsilon_0 \epsilon_r \frac{A}{d} \times V \ [C]$$

$$= 8.854 \times 10^{-12} \times 10 \times \frac{50 \times 10^{-3}}{0.5 \times 10^{-3}} \times 220$$

$$= 8.854 \times 10^{-12} \ [C]$$

예제 **평행판 커패시터에서 전극판 사이의 간격을 반으로 줄이고 전극판의 넓이를 3배로 크게 만드는 경우, 기존의 정전용량의 몇 배가 되는지 구하시오.**

해설 커패시터의 정정용량 C

- 기존 정전용량 : $C = \epsilon \dfrac{A}{d} \ [F]$
- 수정 정전용량 : $C = \epsilon \dfrac{3 \times A}{\frac{1}{2} \times d} = 6 \times \epsilon \dfrac{A}{d} \ [F]$

고로, 6배로 증가한다.

2) 콘덴서 합성

적당한 크기의 콘덴서가 없을 때는 콘덴서를 합성해서 사용하여야 한다.

★ 저항 합성과 콘덴서 합성의 차이점 : 기사/산업기사에 출제빈도 높음

- 저항 : 직렬연결로 합성시키면 저항 값이 커지고, 병렬로 합성시키면 저항 값이 작아진다.
- 콘덴서 : 저항과 반대로 직렬연결로 합성시키면 커패시턴스C 값이 작아지고, 병렬로 합성시키면 커패시턴스C 값이 커진다.

(1) 콘덴서의 합성공식 유도

전류의 초당 흐르는 전하량은 $Q = I \cdot t$이고, 콘덴서에 충전되는 전하량은 $Q = C \cdot V$ 이다.

□ 콘덴서의 직렬연결

직렬연결 시, 전체 전원 $V_0 = V_1 + V_2 + V_3$로 전압이 분배되어 전압분배법칙(KVL)이 적용된다.

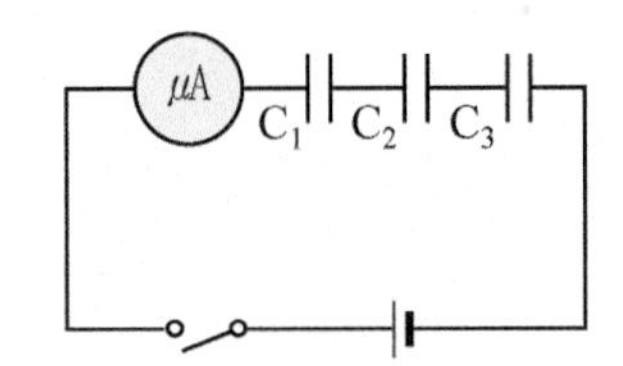

그림. 커패시터의 직렬연결 회로

직렬회로에서 전류는 모두 같고 전압은 분배된다.

$$I_0 = I_1 = I_2 = I_3$$

$$V_0 = V_1 + V_2 + V_3 \Leftarrow V = \frac{Q}{C}$$

$$\therefore \frac{Q_0}{C_0} = \frac{Q_1}{C_1} + \frac{Q_2}{C_2} + \frac{Q_3}{C_3}$$

$Q = I \cdot t$에서 $Q \propto I$ 비례하므로

$$\frac{I_0 \cdot t}{C_0} = \frac{I_1 \cdot t}{C_1} + \frac{I_2 \cdot t}{C_2} + \frac{I_3 \cdot t}{C_3}$$

직렬회로의 전류 $I_0 = I_1 = I_2 = I_3$를 대입하면

$\frac{I \cdot t}{C_0} = \frac{I \cdot t}{C_1} + \frac{I \cdot t}{C_2} + \frac{I \cdot t}{C_3}$ 이므로 좌변과 우변의 같은 성분을 제거하면 다음과 같은 커패시터의 직렬연결일 때의 합성 공식을 유도할 수 있다.

★ 직렬 합성 정전용량 C_0

$$\frac{1}{C_0} = \frac{1}{C_1} + \frac{1}{C_2} + \frac{1}{C_3}$$

$$\therefore C_0 = \frac{1}{\frac{1}{C_1} + \frac{1}{C_2} + \frac{1}{C_3}}$$

예제 **커패시터 3개($C_1 = 1\ [\mu F]$, $C_2 = 2\ [\mu F]$, $C_3 = 3\ [\mu F]$)가 직렬로 연결되어 있을 때, 합성 정전용량을 구하시오.**
(실제 사용되는 콘덴서의 용량은 매우 작아서 주로 마이크로패럿 단위 $[\mu F]$를 사용한다.)

해설 직렬 합성 정전용량 C_0

$$\frac{1}{C_0} = \frac{1}{C_1} + \frac{1}{C_2} + \frac{1}{C_3}$$

$$\frac{1}{C_0} = \frac{1}{1 \times 10^{-6}} + \frac{1}{2 \times 10^{-6}} + \frac{1}{3 \times 10^{-6}}\ [F]$$

$$\therefore C_0 = 0.5454 \times 10^{-6}\ [F] = 0.55\ [\mu F]$$

□ 콘덴서의 병렬연결

커패시터의 병렬연결 시, 전체 전류 I_0는 $I_0 = I_1 + I_2 + I_3$로 회로에서 전류가 분배되어 전류분배법칙(KCL)이 적용된다.

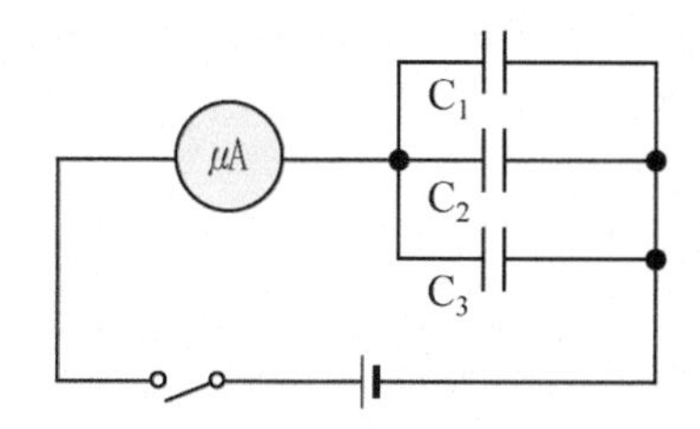

병렬회로에서의 전압은 모두 동일하고 전류는 분배된다.

$V_0 = V_1 = V_2 = V_3$

$Q_0 = Q_1 + Q_2 + Q_3$

$\therefore\ C_0 V_0 = C_1 V_1 + C_2 V_2 + C_3 V_3 \quad \Leftarrow Q = CV$

같은 $V_0 = V_1 = V_2 = V_3$를 대입하여

$(C_0) \times V_0 = (C_1 + C_2 + C_3) \times V_0$ 관계식을 정리하면 다음과 같은 커패시터의 병렬연결일 때의 합성 공식을 유도할 수 있다.

★ 병렬 합성 정전용량 C_0

$C_0 = C_1 + C_2 + C_3$

예제 **커패시터 3개($C_1 = 1\ [\mu F]$, $C_2 = 2\ [\mu F]$, $C_3 = 3\ [\mu F]$)가 병렬로 연결되어 있을 때, 합성 정전용량을 구하시오.**

해설 병렬 합성 정전용량 C_0

$C_0 = C_1 + C_2 + C_3$

$C_0 = 1 \times 10^{-6} + 2 \times 10^{-6} + 3 \times 10^{-6}\ [F] = 6\ [\mu F]$

예제 **내압이 2.0kV이고 정전용량이 각각 $0.02\mu F$, $0.04\mu F$, $0.08\mu F$인 3개의 커패시터를 직렬로 연결했을 때 전체 내압[V]은?**

해설 정전용량

각각의 커패시터(콘덴서)에 걸이는 전압을 구한 후, 구한 전압이 직렬연결 이므로 더해서 전체 전압을 얻는다.

$Q = CV$ or $V = \dfrac{Q}{C}$

- $0.02\mu F$에 걸리는 전압 : $V = \dfrac{2.0 \times 10^3}{0.02 \times 10^{-6}} = 1000[V]$
- $0.04\mu F$에 걸리는 전압 : $V = \dfrac{2.0 \times 10^3}{0.04 \times 10^{-6}} = 500[V]$
- $0.08\mu F$에 걸리는 전압 : $V = \dfrac{2.0 \times 10^3}{0.08 \times 10^{-6}} = 250[V]$

정답 $1750\,[V]$

3) 축적에너지

커패시터에 $Q[C]$의 전하를 충전하기 위해 전압을 인가하면 커패시터에 전하량이 서서히 충전되어진다. 이 때 충전에 필요한 에너지(일) W를 축적에너지 또는 정전에너지라고 한다.

미소 전위차 : $dv = \dfrac{dw}{dq}$에 적분을 취하면

★ 축적 에너지 $W = \int V\, dQ \qquad \Leftarrow V = \frac{Q}{C}$

$$= \int \frac{Q}{C}\, dQ \qquad \Leftarrow \int Q\, dQ = \frac{1}{2}Q^2$$

$$= \frac{1}{2}\frac{Q^2}{C} = \frac{1}{2}QV = \frac{1}{2}CV^2 \quad [J]$$

예제	**커패시턴스가 30 $[\mu F]$인 커패시터에 전압 22.9 $[kV]$를 인가하는 경우, 충전되는 축적에너지를 구하시오.**

해설 축적에너지

$$W = \frac{1}{2}\frac{Q^2}{C} = \frac{1}{2}QV = \frac{1}{2}CV^2 \quad [J]$$

$$\therefore\ W = \frac{1}{2} \times 30 \times 10^{-6} \times (22.9 \times 10^3)^2$$

$$= 7866.15 \quad [J]$$

예제	**커패시턴스가 30 $[\mu F]$인 커패시터에 충전되는 축적에너지가 7866.15 $[J]$일 때, 인가시켜야할 전압을 구하시오.**

해설 이전 예제의 역방향 문제로 축적에너지 값을 알려주고 인가하는 전압 값을 묻는다.

$W = \frac{1}{2}CV^2 \quad [J]$ 에서 인가 전압 V는

$$V = \sqrt{\frac{2W}{C}}$$

$$\therefore\ V = \sqrt{\frac{2 \times 7866.15}{30 \times 10^{-6}}}$$

$$= 22.9 \quad [kV]$$

연 · 습 · 문 · 제

01 **커패시터의 정전용량 공식은?**

① $C = \epsilon \dfrac{S}{d}\,[F]$　　② $C = \mu \dfrac{S}{d}\,[F]$

③ $C = \epsilon \dfrac{S}{d}\,[H]$　　④ $C = \mu \dfrac{S}{d}\,[H]$

정답 ①

02 **커패시터에 충전되는 전하량과 정전용량, 전압과의 관계식으로 맞는 것을 모두 고르시오.**

① $C = QV[F]$　　② $Q = CV[C]$

③ $Q = \dfrac{C}{V}[C]$　　④ $C = \dfrac{Q}{V}[F]$

정답 ②, ④

03 **공기 중에 $10[\mu C]$과 $20[\mu C]$인 두 개의 점전하를 1[m] 간격으로 놓았을 때, 발생되는 정전기력[N]?**

① 1.2　　② 1.8

③ 2.4　　④ 3.0

정답 ②

04 **진공 중 대전된 도체의 표면에 면전하밀도 $\sigma(C/m^2)$가 균일하게 분포되었을 때, 이 도체 표면의 전계의 세기 $E[V/m] = ?$ (단, ϵ_0는 진공의 유전율)**

① $E = \dfrac{\sigma}{\epsilon_0}$　　② $E = \dfrac{\sigma}{2\epsilon_0}$

③ $E = \dfrac{\sigma}{2\pi\epsilon_0}$　　④ $E = \dfrac{\sigma}{4\pi\epsilon_0}$

정답 ①

05 유도기전력의 크기와 방향을 결정하는데 관한 법칙으로 각각 옳은 것은?

① 페러데이의 법칙, 렌츠의 법칙
② 플레밍의 왼손법칙, 렌츠의 법칙
③ 플레밍의 오른손법칙, 렌츠의 법칙
④ 페러데이의 법칙, 플레밍의 왼손법칙

정답 ①

06 쿨롱의 전기력 법칙으로 옳은 것을 모두 고르시오.

① $F=\frac{1}{4\pi\epsilon_0}\frac{Q_1 Q_2}{r^2}$
② $F=\frac{1}{4\pi\mu_0}\frac{m_1 m_2}{r^2}$
③ $F=9\times10^9\frac{Q_1 Q_2}{r^2}$
④ $F=6.33\times10^4\frac{m_1 m_2}{r^2}$

정답 ①, ③

07 평행한 두 도선 사이의 거리가 r인 경우 두 도선 간의 작용하는 힘이 F_1일 때, 두 도선 간의 거리를 2r로 하면 두 도선 간의 작용력 F_2는?

① $F_2=\frac{1}{4}F_1$
② $F_2=\frac{1}{2}F_1$
③ $F_2=2F_1$
④ $F_2=4F_1$

정답 ②

자기장

4.1 자기현상

자석은 +, −인 극성을 갖는다. 같은 극성끼리는 끌어당기는 인력이 작용하고, 서로 다른 극성끼리는 밀어내는 척력이 작용한다. 이를 자석에 성질에 의해 발생된 현상으로 자기현상이라고 한다. 자석의 종류에는 막대자석과 말굽자석과 같은 영구자석과 코일에 전류를 흘러 여자시키는 전자석으로 구분된다.

- 정자계(Magnetic Field)란? 자하 m $[Wb]$에 의해 주위에 자기에너지가 미치는 영역의 공간(Field) 즉, 자하분포의 자계(자기장의 세기) H를 의미한다.
- 자기력(Magnetic Force)이란? 자석 주위에 나타나는 힘을 말한다.

4.2 쿨롱의 법칙(자기력)

물질을 자계 내에 놓으면 자기적인 성질인 자성을 띈다. 이를 자하(자극의 세기 또는 자기량)라고 한다.

자기장에서 쿨롱의 법칙(Coulomb's Law)이란? 두 자하 m_1, m_2 $[Wb]$ 사이에 서로 상호작용하는 힘(자기력F_m)은 두 자하의 곱에 비례하고, 그들 사이의 거리의 제곱r^2에 반비례한다.

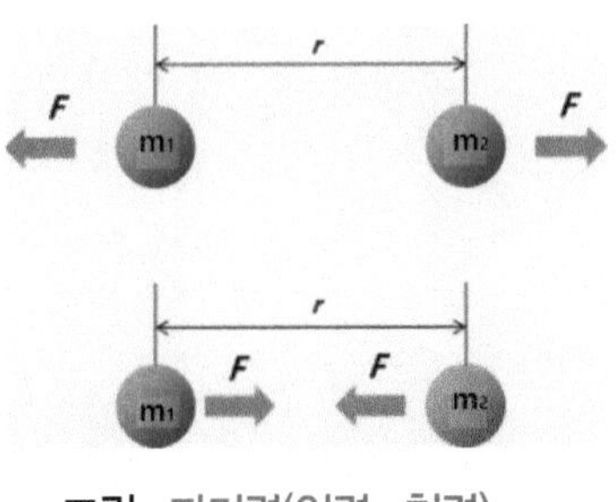

그림. 자기력(인력, 척력)

1) 쿨롱의 법칙

$$F = k_m \frac{m_1 \cdot m_2}{r^2} [N]$$
$$= \frac{1}{4\pi\mu_0} \frac{m_1 \cdot m_2}{r^2} [N]$$
$$= 6.33 \times 10^4 \frac{m_1 \cdot m_2}{r^2} [N]$$

쿨롱 자기력 상수 $k_m = \frac{1}{4\pi\mu_0} = 6.33 \times 10^4$

여기서 m_1, m_2 : 전하,

$\mu_0 = 4\pi \times 10^{-7} [H/m]$: 진공 투자율,

r : 두 전하 사이의 거리

□ 투자율 μ

투자율이란? 자기 유도에서는 얼마나 유도 또는 자화되는 정도를 나타내는 비례상수로서 자기 회로에서는 얼마나 자속이 잘 흐르는지의 정도를 나타낸다.

$\mu = \mu_0 \cdot \mu_r$

여기서 μ_r : 비투자율로 매질에 따라 다른 투자율의 비

2) 자기장

전하에 의해 전기적인 힘(전기력)이 미치는 공간이 전기장 또는 전계라고 하듯이 자하에 의해 형성된 자기적인 힘(자기력)이 미치는 공간이 자기장 또는 자계라고 한다.

(1) 자기장의 세기

자기장(자계)의 세기란? 자하에 의해 형성된 자기장 또는 자계가 가지는 힘의 세기를 말한다. 즉, 자기장 내에 $+1[Wb]$의 단위 양(+)자하를 놓았을 때의 힘의 세기를 자기장의 세기(자계 강도) H라고 한다.

□ 자기장의 세기 H는

$$H = k_m \frac{m}{r^2} \ [AT/m]$$
$$= \frac{1}{4\pi\mu_0} \frac{m}{r^2} \ [AT/m]$$
$$= 6.33 \times 10^4 \frac{m}{r^2} \ [AT/m]$$

자기장의 세기는 자하 $m\,[Wb]$와 단위 자하 $+1\,[Wb]$ 사이에 작용하는 자기력을 말한다. 따라서 두 자하 사이에 작용하는 자기력F와 자기장의 세기H와의 관계식은 다음과 같다.

$$F_m = m\,H\ [N] \quad \text{or} \quad H = \frac{F_m}{m}\,[AT/m]$$

□ 자속

자속 ϕ이란? 자극의 N극에서 나와 S극으로 들어가는 자기력선의 묶음을 말한다.

□ 자속밀도

자속밀도 B란? 투자율이 μ인 매질을 통과하는 단위 면적당 자속을 말한다.

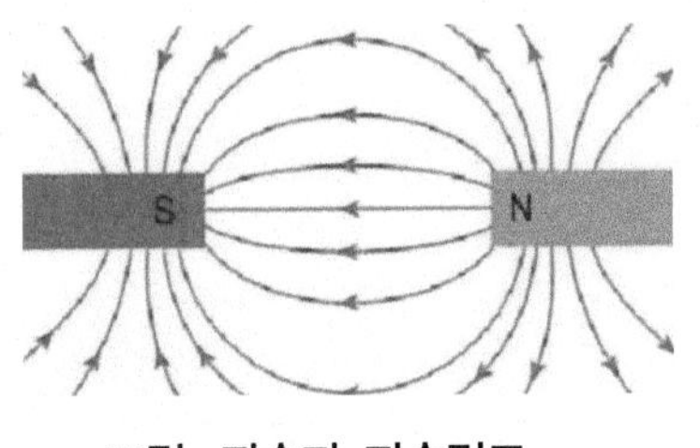

그림. 자속과 자속밀도

따라서 자속밀도 B와 자속 ϕ과의 관계식은 다음과 같다.

☆ 자속밀도 $B = \frac{\phi}{S} \ [Wb/m^2]$

자속밀도 B와 자계 H와의 관계식은 다음과 같다.

$$B = \mu_0 H$$

$$= \mu_0 \times \frac{1}{4\pi\mu_0}\frac{m}{r^2} \qquad \Leftarrow H = \frac{1}{4\pi\mu_0}\frac{m}{r^2}$$

$$= \frac{m}{4\pi r^2} \quad [Wb/m^2]$$

★ 자기력선의 성질

- 자기력선은 N극에서 나와 S극으로 들어간다.
- 자기력선의 접선은 수평 방향, 법선은 수직 방향이다.
- 자기력선의 접선 방향은 접점에서의 자기장의 방향이다.
- 자기력선은 서로 교차하지 않는다.
- 자속의 밀도는 자기장의 세기에 비례한다.

(2) 자성체

자성체란? 자기력이 작용하는 성질을 띠는 물질을 말한다.

□ 자성체의 종류

① 강자성체
- 외부 자기장을 걸어주면 자기장 방향으로 강하게 자화되는 물질을 말한다.
- 외부 자기장을 제거해도 자화가 남아 있다.
- 강자성체 물질의 종류에는 철(Fe), 니켈(Ni), 코발트(Co), 망간(Mn) 등이 있다.

② 상자성체
- 자기장 내에 두면 자기장 방향으로 약하게 자화되는 물질이다.
- 자기장을 제거하면 열진동에 의해 무질서에 의해 자화가 사라진다.
- 상자성체의 종류로는 알루미늄(Al), 백금(Pt), 주석(Sn), 이리듐(Ir) 등이 있다.

③ 반자성체
- 외부 자기장을 걸어주면 반대 방향으로 자기 모멘트가 형성되는 자성체이다.
- 대부분의 물질이 반자성체에 해당한다.
- 물질의 종류에는 금(Au), 은(Ag), 구리(Cu), 아연(Zn), 탄소(C) 등이 있다.

예제 다음 중 강자성체에 속하지 않는 것은?

① Fe	② Ni
③ Cu	④ Co

해설 구리는 반자성체이다.

정답 ③

예제 길이 1[cm]마다 감은 권선수가 50회인 무한장 솔레노이드에 500[mA]의 전류를 흘릴 때 솔레노이드 내부에서의 자계의 세기[AT/m]는?

해설 무한장 솔레노이드

▫ 자계의 세기 $H = \frac{NI}{l\,[m]}$

$$= \frac{50 \times 500 \times 10^{-3}}{1 \times 10^{-2}} = 2500\,[AT/m]$$

4.3 자기회로

자기회로는 자기의 성질을 갖는 회로를 말한다. 전위차(전압)을 발생시키는 전원을 회로에 연결하면 전류가 흐른다. 전압의 크기는 전류에 비례하고 저항에 반비례한다.

- 기전력 : 전기회로에서 전류를 흐르게 하는 동력(전압)을 의미한다.
- 기자력 : 자기회로에서 자속을 흐르게 하는 동력(전류×권수)을 의미한다.

자기회로는 철심에 코일(도선)을 감아 놓은 회로이며 코일에 전류를 흐르게 하면 코일에서 발생한 자속(자기력선의 묶음)이 회로를 따라 흐른다. 발생하는 자속은 전류의 세기와 코일에 감은 권수에 비례한다. 따라서 자속을 흐르게 하는 기자력 F은

$F = N \cdot I\,[AT]$

여기서 F : 기자력, N : 권수[Turn], I : 전류이다.

전기회로에서 전기의 흐름을 방해하는 저항 R과 유사하게 자기회로에서도 자속의 흐름을 방해하는 저항을 자기저항 R_m이라 부른다.

자속 ϕ은 전류 I와 권수 N에 비례하고, 자기저항 R_m에 반비례한다.

$$\phi = \frac{NI}{R_m} \quad \text{or} \quad NI = \phi R_m$$

1) 전기저항 & 자기저항 관계

- 전기회로 저항 R

$$R = \rho\frac{l}{A} = \frac{l}{kA} \qquad \Leftarrow \rho = \frac{1}{k}$$

여기서 ρ : 고유저항
l : 자로의 길이
A : 도선의 단면적($= S$)
k : 도전율(전류가 잘 흐르는 비율)

- 자기회로 저항 R_m

투자율 μ은 자속(자계)이 잘 흐르는 비율이다. 자기회로를 구성하는 물질의 투자율에 따라 자속의 발생이 결정된다.

전계와 자계의 대응관계에서 자계에서의 투자율은 전계에서 도전율과 대응관계이다.

★ 주의 : 투자율과 유전율은 대응관계가 아니다.

한편, 자기저항 R_m은 이와 반대로 자속의 흐름을 방해하는 정도를 나타낸다.

$$R_m = \frac{l}{\mu A}$$

여기서 μ : 투자율(자속이 잘 흐르는 정도)

★ 전기회로와 자기회로의 대응관계

전기회로	자기회로
전계 : 전기장의 세기	자계 : 자기장의 세기
기전력 $V=IR$	자기력 $F=NI$
전류 I	자속 ϕ
전기저항 R	자기저항 R_m

자기회로에서 자속 ϕ은

$$\phi = \frac{NI}{R_m} \qquad \Leftarrow R_m = \frac{l}{\mu A}$$

여기서 $\mu = \mu_0 \mu_s$ $\Leftarrow \mu_0 = 4\pi \times 10^{-7}$

μ_0 : 진공 중에서 투자율

μ_s : 물질의 비투자율

$$★\ \phi = \frac{NI}{\frac{l}{\mu A}} = \frac{\mu ANI}{l} = \frac{\mu SNI}{l} \qquad \Leftarrow A = S(\text{단면적})$$

자로의 길이 l은 보통 환상솔레노이드 같은 원형이므로

$$l = 2\pi r = \pi D$$

여기서 r : 반지름

D : 지름

2) 축적에너지

□ **전계의 축적에너지 :**

전계 내에서 단위체적당 축적되는 축적에너지(전계에너지 밀도)

$$W = \frac{1}{2}\epsilon E^2 = \frac{1}{2}DE = \frac{1}{2}\frac{D^2}{\epsilon}\ [J/m^3] \qquad \Leftarrow D = \epsilon E$$

여기서 D: 전속밀도

□ 자계의 축적에너지 :

자계 내에서 단위체적당 축적되는 에너지(자계에너지 밀도)

$$W = \frac{1}{2}\mu H^2 = \frac{1}{2}BH = \frac{1}{2}\frac{B^2}{\mu}\ [J/m^3] \qquad \Leftarrow B = \mu H$$

여기서 B: 자속밀도

위의 두 식에서

E 전계 ↔ H 자계

ϵ 유전율 ↔ μ 투자율

D 전속밀도 ↔ B 자속밀도

★ 정전계&정자계

정전계		정자계	
전하	$Q[C]$	자하	$m\,[Wb]$
쿨롱의 법칙	$F_e = \frac{1}{4\pi\epsilon}\frac{Q_1 Q_2}{r^2}\ [N]$	쿨롱의 법칙	$F_e = \frac{1}{4\pi\mu}\frac{m_1 m_2}{r^2}\ [N]$
유전율	$\epsilon = \epsilon_0 \epsilon_s$ $\epsilon_0 = 8.855 \times 10^{-12}\,[F/m]$	투자율	$\mu = \mu_0 \mu_s$ $\mu_0 = 4\pi \times 10^{-7}\,[H/m]$
전계의 세기	$E = \frac{1}{4\pi\epsilon}\frac{Q}{r^2}\ [V/m]$	자계의 세기	$F_e = \frac{1}{4\pi\mu}\frac{m}{r^2}\ [AT/m]$
전위	$V = \frac{1}{4\pi\epsilon}\frac{Q}{r}\ [V]$	자위	$U = \frac{1}{4\pi\mu}\frac{m}{r}\ [AT]$
힘&전계	$F = QE$	힘&자계	$F = mH$
전위 경도	$E = -\nabla V$	자위 경도	$H = -\nabla U$
전속	$Q = \psi\,[C]$	자속	$m = \phi\,[Wb]$
전속밀도	$D = \frac{Q}{S}\,[C/m]$	자속밀도	$B = \frac{\phi}{S}\,[Wb/m]$

예제 자계와 전계의 대응관계가 틀린 것은?

① 자속 ↔ 전류
② 기자력 ↔ 기전력
③ 자계의 세기 ↔ 전계의 세기
④ 투자율 ↔ 유전율

해설 투자율 ↔ 도전율과 대응 관계다.

정답 ④

예제 **권수가 200회인 코일에 전류 3 [A]가 흐를 때, 기자력 [AT]를 구하시오.**

해설 기자력은 전류에 권수의 곱이다.

$F = N \cdot I$

$\therefore F = 200\,[T] \times 3\,[A] = 600\,[AT]$

예제 **투자율 μ, 단면적 S, 자로의 길이 l, 권선 N인 자기회로에 전류 I가 흐를 때 자속ϕ의 관계식은?**

① $\frac{\mu SI}{Nl}$ ② $\frac{\mu NI}{Sl}$

③ $\frac{\mu SNI}{l}$ ④ $\frac{NIl}{\mu S}$

해설 자기회로에서 자속은

$$\phi = \frac{NI}{R_m} \qquad \Leftarrow R_m = \frac{l}{\mu A}$$

$$\phi = \frac{NI}{\frac{l}{\mu A}} = \frac{\mu ANI}{l} = \frac{\mu SNI}{l} \qquad \Leftarrow A = S(\text{단면적})$$

정답 ③

예제 **철심이 든 환상 솔레노이드의 권수 500회, 평균 반지름 10 [cm], 철심 단면적 10 [cm^2], 비투자율 4000인 경우, 환상 솔레노이드에 2 [A]의 전류 인가 시 철심내의 자속[Wb]을 구하시오.**

해설 □ 자속 ϕ :

$$\phi = \frac{\mu S N I}{l} \quad [Wb]$$

여기서 $\mu = \mu_0 \, \mu_s$ $\quad \Leftarrow \mu_0 = 4\pi \times 10^{-7}$

μ_0 : 진공 중에서 투자율

μ_s : 물질의 비투자율

원형인 환상 솔레노이드의 자로의 길이 l은 다음과 같다.

$l = 2\pi r = 2\pi \times 10 \times 10^{-2}$

여기서 r : 반지름

□ 환상 솔레노이드의 자속 ϕ :

$$\phi = \frac{\mu_0 \mu_s S N I}{2\pi r} \quad [Wb]$$

$$\therefore = \frac{4\pi \times 10^{-7} \times 4000 \times 10 \times 10^{-4}\,[m^2] \times 500\,[T] \times 2\,[A]}{2\pi \times 10 \times 10^{-2}\,[m]}$$

$$= 8 \times 10^{-3} \quad [Wb]$$

예제 **비투자율 800, 원형 단면적 10 [cm^2], 평균 자로의 길이 30 [cm]인 환상 철심에 600회의 권선을 감은 코일이 있다. 1 [A]의 전류 인가 시 자속[Wb]을 구하시오.**

★ 생각하기 : 이전 예제와 차이점

- 평균 반지름r 10 [cm] & 평균 자로의 길이l 30 [cm]
- 평균 반지름r의 조건이 주어지면 자로의 길이$2\pi r$를 구해서 대입해야 한다.
- 평균 자로의 길이의 조건이 주어지면 l에 그대로 대입하면 된다.

해설 □ 자속 ϕ :

$$\phi = \frac{\mu SNI}{l} \quad [Wb]$$

여기서 $\mu = \mu_0 \mu_s$ $\Leftarrow \mu_0 = 4\pi \times 10^{-7}$

μ_0 : 진공 중에서 투자율

μ_s : 물질의 비투자율

원형인 환상 솔레노이드의 자로의 길이 l은 다음과 같다.

$l = 2\pi r = 30 \times 10^{-2}$ $[m]$

□ 고로, 환상 솔레노이드의 자속 ϕ :

$$\phi = \frac{\mu_0 \mu_s SNI}{2\pi r} \quad [Wb]$$

$$\therefore = \frac{4\pi \times 10^{-7} \times 800 \times 10 \times 10^{-4} [m^2] \times 600 \times 1 [A]}{30 \times 10^{-2} [m]}$$

$$= 2 \times 10^{-3} \ [Wb]$$

예제 **철심이 든 환상 솔레노이드의 권수 600회, 평균 지름 20 $[cm]$, 철심 단면적 10 $[cm^2]$, 비투자율 1000인 경우, 환상 솔레노이드에 2 $[A]$의 전류 인가 시 철심내의 자속$[Wb]$을 구하시오.**

해설 □ 자속 ϕ :

$$\phi = \frac{\mu SNI}{l} \quad [Wb]$$

여기서 $\mu = \mu_0 \mu_s$ $\Leftarrow \mu_0 = 4\pi \times 10^{-7}$

μ_0 : 진공 중에서 투자율

μ_s : 물질의 비투자율

원형인 환상 솔레노이드의 자로의 길이 l은 다음과 같다.

$l = 2\pi r = \pi D = \pi \times 20 \times 10^{-2}$ $[m]$

여기서 r : 반지름

D : 지름

□ 고로, 환상 솔레노이드의 자속 ϕ :

$$\phi = \frac{\mu_0 \mu_s S N I}{2\pi r} \quad [Wb]$$

$$\therefore = \frac{4\pi \times 10^{-7} \times 1000 \times 10 \times 10^{-4} [m^2] \times 600 \times 2 [A]}{\pi \times 10 \times 10^{-2} [m]}$$

$$= 2.4 \times 10^{-3} \quad [Wb]$$

예제 **투자율 $\mu [H/m]$, 자계(자기장)의 세기 $H [AT/m]$, 자속밀도 $B [Wb/m^2]$ 일 때, 자계에너지 밀도 $[J/m^3]$는?**

① $\frac{B^2}{2\mu}$ ② $\frac{H^2}{2\mu}$

③ $\frac{1}{2\mu}\mu H$ ④ BH

해설 자계에너지 밀도

$$W = \frac{1}{2}\mu H^2 = \frac{1}{2}BH = \frac{1}{2}\frac{B^2}{\mu} \; [J/m^3] \qquad \Leftarrow B = \mu H$$

정답 ①

4.4 전자기 유도

전자기 유도는 전기가 만들어지는 가장 근본적인 원리이기 때문에 전기분야에서는 가장 기본이자 핵심이 되는 이론이다.

- 앙페르의 오른나사 법칙은 도선에 전류를 인가하면 자기장이 형성되는 법칙이다.
- 페러데이의 법칙은 자기장의 변화에 의해 기전력이 유도되는 현상을 해석한 법칙이다.

전자기 유도현상이란? 도선에 교류전류가 인가되면 형성되는 자기장이 변하고 이 변화되는 자기장을 방해하는 반대 방향으로 자기장이 발생하여 기전력이 유도되는 현상이다.

유도(유기)기전력에 관한 법칙을 발견한 과학자는 페러데이와 렌츠가 있다.

- 페러데이 : 유도기전력의 크기를 발견
- 렌츠 : 유도기전력의 방향을 발견

1) 유도기전력의 발생

(1) 전류의 변화에 의한 유도기전력

자기유도(Self Induction)란? 전원과 인덕터(코일)가 연결된 회로에서 전류의 변화가 없으면 자기장만 형성되고, 전류가 변화하면 코일을 관통하는 자속이 변화를 저지시키려는 반대 방향으로 기전력이 발생되는 현상을 말한다.

□ 유도기전력

도선에 교류전류를 인가하면 도선 주위에 생성된 자기장이 변화하고 이 변화를 저지시키기 위한 자기장이 반대 방향으로 발생하여 코일에 공급되는 전류의 반대 방향으로 유도기전력 e이 생성된다.

$$e = -L\frac{di}{dt}$$

여기서 L: 인덕턴스로 코일의 자기에너지 저장능력에 대한 비례상수

$\frac{di}{dt}$: 시간에 대한 전류의 변화량

역방향으로 유도기전력이 생성되는 현상은 전류의 변화에 의해 생성된 자기력선의 방향에 반하는 방향으로 새로운 자기력선 만들어져 자연의 보존 원리에서 나타나는 자연현상으로 여겨진다.

(2) 자속의 변화에 의한 유도기전력

코일이 감겨져 있는 권선의 내부로 영구자석(막대자석)을 넣었다 뺐다 반복하면 코일에 전류가 발생된다. 실험을 통해 확인하는 방법은 코일의 양쪽 끝에 검류계를 연결하여 회로를 구성하면 검류계의 바늘이 움직인다.

이때 자석의 앞, 뒤로의 이동 방향에 따라 작용하는 힘(유도기전력)이 반대방향으로 작용한다. 자석을 코일 내부로 가까이 가져가면 밀어내는 척력이 생기고, 반대로 자석을 코일로부터 멀어지면 코일쪽으로 당기는 인력이 생성된다.

$$e = -N\frac{d\phi}{dt}$$

여기서 N: 권수로 코일을 감은 횟수

$\frac{d\phi}{dt}$: 시간에 대한 자속의 변화량

이 현상 또한 자연의 보존 원리에 의해 나타나는 자연현상으로 여겨진다.

2) 상호 유도작용

상호 유도(Mutual Induction)작용은 변압기 원리의 핵심이다. 상호유도 작용에 의한 1차 측과 2차 측의 권수비를 조정하여 전압을 높이거나 낮추는 승압 및 감압을 시킬 수 있는 변압기에 적용된다.

(1) 인덕터의 상호 유도작용

인덕터(코일)의 상호 유도작용은 전자기유도의 원리에 의해 코일로 회로를 구성한 1차 측에 교류전류가 인가되면 인덕터(코일) 주위에 자기장이 형성되어 자석의 변화가 발생된다. 이 자속의 변화는 철심을 따라 흘러서 2차 측 코일의 자속의 변화를 저지시키는 반대 방향으로 다시 유도기전력을 발생시키는 현상이다.

고로, 변압기는 철심의 양쪽에 각각 1차 측과 2차 측의 코일을 감아 놓은 기기이다.

☆ 가동접속 : 코일의 전류의 변화에 의해 발생한 1차 측과 2차 측의 자속의 방향이 같은 경우

- 합성 인덕턴스 $L = L_1 + L_2 + 2M\ [H]$

☆ 차동접속 : 코일의 전류의 변화에 의해 발생한 1차 측과 2차 측의 자속의 방향이 반대 경우

- 합성 인덕턴스 $L = L_1 + L_2 - 2M\ [H]$

(2) 상호 인덕턴스

□ 결합계수

결합회로에서 누설자속을 제외한 한 쪽 코일의 유효자속이 다른 쪽 코일과 쇄교하는 비율을 말한다.

결합계수가 1인 경우와 결합계수가 1인 아닌 경우로 구분한다.

□ 상호 인덕턴스

$M = k\sqrt{L_1 L_2}$

여기서 k: 결합계수

결합계수 $=1$인 경우 : 누설자속이 없는 완전하게 결합한 경우

$M = \sqrt{L_1 L_2}$

결합계수 $\neq 1$인 경우 : 누설자속이 발생하는 경우

$M = k\sqrt{L_1 L_2}$

예제 **두 코일의 자기 인덕턴스 L_1, L_2가 각각 8[mH], 2[mH]이고 결합계수가 1로 이상적인 결합이 된 경우 상호 인덕턱스$M[mH]$는?**

해설 상호 인덕턱스M

$M = k\sqrt{L_1 L_2}$

$\therefore = 1\sqrt{8 \times 2} = 4\ [mH]$

3) 전자에너지

전자에너지란? 자기 인덕턴스가 $L\,[H]$인 코일에 전류 $i\,[A]$를 인가하면 코일에 축적되는 에너지를 말한다.

$$W = \int_0^T v\,i\,dt = \int_0^T L\frac{di}{dt}\,i\,dt = \frac{1}{2}LI^2 = \frac{1}{2}IN\phi\,[J]$$

여기서 W: 축적에너지

N: 코일권수

ϕ: 자속

예제 **자기 인덕턴스가 $20\,[mH]$인 코일에 전류 $20\,[A]$를 인가할 때 코일에 축적되는 에너지는?**

해설 코일의 축적에너지

$$W = \frac{1}{2}LI^2\,[J]$$
$$= \frac{1}{2}\times 0.2\times 20^2 = 40\,[J]$$

예제 **직류전원이 연결된 코일에 10[A]의 전류가 흐르고 있다. 이 코일에 연결된 전원을 제거하는 즉시 저항을 연결하여 폐회로를 구성하였을 때 저항에서 소비된 열량이 24[cal]이었다. 이 코일의 인덕턱스 L는?**

해설 코일(인덕터)의 축적에너지

$$W = \frac{1}{2}LI^2$$
$$\therefore L = \frac{2W}{I^2}$$
$$= \frac{2\times 100\,[J]}{10^2\,[A]} \qquad \Leftarrow 0.24\,[cal] = 1\,[J]$$
$$= 2\,[H]$$

연·습·문·제

01 **쿨롱의 자기력 법칙으로 옳은 것을 모두 고르시오.**

① $F = \dfrac{1}{4\pi\epsilon_0}\dfrac{Q_1 Q_2}{r^2}$

② $F = \dfrac{1}{4\pi\mu_0}\dfrac{m_1 m_2}{r^2}$

③ $F = 9\times 10^9 \dfrac{Q_1 Q_2}{r^2}$

④ $F = 6.33\times 10^4 \dfrac{m_1 m_2}{r^2}$

정답 ②, ④

02 **가스 소화설비 기동장치로 사용되는 환상 솔레노이드의 자계의 세기에 대한 내용으로 맞는 것을 모두 고르시오.**

① 자계의 세기는 코일의 감은 권수에 반비례한다.

② 자계의 세기는 코일의 감은 권수에 비례한다.

③ 자계의 세기는 전류에 반비례한다.

④ 자계의 세기는 전류에 비례한다.

⑤ 자계의 세기는 자로의 길이에 반비례한다.

⑥ 자계의 세기는 자로의 길이에 비례한다.

정답 ②, ④, ⑤

03 **자기 인덕턴스가 각각 4[mH], 9[mH]인 L_1, L_2의 두 코일이 이상적으로 결합이 되었을 경우의 상호 인덕턴스[mH]? (단, 결합계수는 1)**

① 6

② 12

③ 24

④ 36

정답 ①

04 길이 10[cm]마다 감은 권선수가 50회인 무한장 솔레노이드에 500[mA]의 전류를 흘릴 때 솔레노이드 내부에서의 자계의 세기는 몇 [AT/m]인가?

① 125 ② 250

③ 1250 ④ 2500

정답 ②

05 1[cm]의 간격을 둔 평행 왕복전선에 25[A]의 전류가 흐른다면 전선 사이에 작용하는 단위 길이당 힘 [N/m]의 크기와 서로 작용하는 힘의 방향은?

① 2.5×10^{-2}, 반발력 ② 1.25×10^{-2}, 반발력

③ 2.5×10^{-2}, 흡인력 ④ 1.25×10^{-2}, 흡인력

정답 ②

06 무한장 솔레노이드에서 자계의 세기에 대한 설명으로 옳지 않은 것은?

① 솔레노이드 내부에서의 자계의 세기는 전류의 세기에 비례한다.

② 솔레노이드 내부에서의 자계의 세기는 코일의 권수에 비례한다.

③ 솔레노이드 내부에서의 자계의 세기는 위치에 관계없이 일정한 평등 자계이다.

④ 자계의 방향과 암페어 적분 경로가 서로 수직인 경우 자계의 세기가 최대이다.

정답 ④

07 동일한 전류가 흐르는 두 평행 도선 간에 작용하는 힘이 F_1이다. 두 도선 간의 거리를 2.5배로 늘렸을 때, 두 도선 간 작용하는 힘 F_2는?

① $F_2 = \frac{1}{2.5} F_1$ ② $F_2 = \frac{1}{2.5^2} F_1$

③ $F_2 = 2.5 F_1$ ④ $F_2 = 6.25 F_1$

정답 ①

08 환상 솔레노이드의 권수가 100회인 코일에 유도되는 기전력의 크기가 e_1이다. 이 코일의 권선수를 200회로 늘렸을 때 유도되는 기전력의 크기(e_2)는?

① $e_2 = \frac{1}{4}e_1$　　② $e_2 = \frac{1}{2}e_1$

③ $e_2 = 2e_1$　　④ $e_2 = 4e_1$

정답 ④

09 한 변의 길이가 150[mm]인 정방형 회로에 1[A]의 전류가 흐를 때 회로 중심에서의 자계의 세기는?

① 5 [AT/m]　　② 6 [AT/m]

③ 9 [AT/m]　　④ 21 [AT/m]

정답 ②

교류회로

5.1 교류

전원을 공급하는 방법에는 직류와 교류가 있다.
발전시킨 전력을 공급하기 위해서는 교류 전원을 이용한다. 따라서 전기회로 이론에서 가장 중요한 단원이 교류(Alternating Current)회로 AC이다.
교류전원은 시간에 따라 전압과 전류의 크기와 방향이 주기적으로 변하는 파형으로 $\sin$파인 정현파를 교류신호로 나타난다. $\sin$파, $\cos$ 파와 같이 일정한 형태의 파형이 반복되는 것을 정현파라고 한다.
파형에는 사각파, 삼각파, 계단파, 펄스파 등의 변형파도 있다.
반면, 직류신호는 시간이 변해도 항상 일정한 전압과 전류를 나타낸다.

★ 교류의 장점

- 교류는 전력공급에 유리하다. 이는 직류에 비해 전압강하, 전력손실이 적기 때문이다.
- 변압기를 이용하여 전압을 높이는 승압 및 낮추는 감압하기가 쉽다.
- 회로 차단이 용이하다.

5.2 정현파 교류 파형

발전기의 원리는 도체를 자기장 속에서 회전시킬 때 도체에 유기기전력이 발생한다. 이 유도기전력은 시간에 따라 변하는 순시값이다. 따라서 교류신호는 순시값으로 나타낸다.

유도기전력 $v(t) = 2Blu\sin\theta = V_m \sin\theta \ [V]$

여기서 B: 자속밀도

l: 도체의 길이

u: 회전 속도

V_m : 전압 최대값

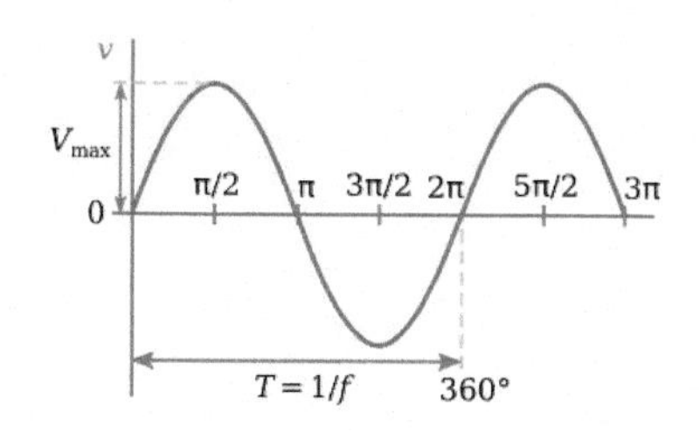

그림. 정현파 교류

1) 주기

정현파가 한 파장을 나타내는 데 걸리는 시간을 주기 T(Period)라 한다. 단위는 [sec] 이다.
즉, 주파수와 역수 관계이다.

$$T = \frac{1}{f}\ [sec]$$

2) 주파수

1초당 반복되는 정현파의 사이클 수를 주파수 f (Frequency)라 한다. 단위는 $[Hz]$ 이다.
즉, 초당 주기 T가 몇 개인지를 나타낸다.

$$f = \frac{1}{T}\ [Hz]$$

3) 위상차

위상차(Phase Difference)는 동일한 주파수의 두 정현파 사이에서 위상의 각도가 다른 차이를 말한다.

$v_1(t) = V_{1m}\sin(wt + \varphi_1)$, $v_2(t) = V_{2m}\sin(wt + \varphi_2)$에서 전압 v_1, v_2 사이의 위상차 φ는

$$\varphi = \varphi_1 - \varphi_2\ [rad]$$

위상이 앞서면 진상, 위상이 뒤지면 지상이라고 한다.

동상(Inphase)은 위상각의 차이가 없는 경우를 말한다.

예제 **두 교류전압 $v_1(t) = V_{1m}\sin(wt+\varphi)$, $v_2(t) = V_{2m}\cos(wt+\varphi)$ 에 대한 위상차를 구하시오.**

해설 cos 은 sin보다 위상이 90° 앞선다(진상).

즉, $\cos\theta = \sin(\theta + 90°)$

$\cos(wt+\varphi) = \sin(wt+\varphi+90°)$

$\therefore |\varphi - (\varphi + 90°)| = 90°$

교류신호(전압 또는 전류)에 대한 위상의 차이로 진행하는 파형의 시간적 차이를 해석할 수 있다.

위상차 $\theta = w \cdot t = 2\pi f \cdot t$

예제 **교류신호의 주파수가 60 $[Hz]$ 이고, 파형의 시간차가 $\frac{1}{180}$ [sec] 일 때, 위상차를 구하시오.**

해설 위상차 $\theta = w \cdot t = 2\pi f \cdot t$

$$\therefore \theta = 2\pi \times 60 \times \frac{1}{180} = \frac{2\pi}{3}$$

4) 각속도(회전속도)

1초 동안에 회전하는 수를 각속도라고 한다. 즉, 회전 속도로 주파수에 비례한다.

위상차 $\theta = w \cdot t$ 로부터 각속도 $w = \frac{\theta}{t}$ 이고, 이를 한 주기로 변환하면

$$w = \frac{\theta}{t} \Rightarrow w = \frac{2\pi}{T} = 2\pi f$$

고로, 각속도 $w = 2\pi f = \frac{2\pi}{T}$ $[rad/\sec]$

예제 **교류신호의 위상차가 $\frac{\pi}{3}$ 이고 시간이 $\frac{1}{180}$ [sec] 일 때, 주파수를 구하시오.**

해설 위상차 $\theta = w \bullet t = 2\pi f \bullet t$

$$\frac{\pi}{3} = 2\pi f \times \frac{1}{180}$$

$$\therefore f = \frac{\theta}{2\pi \times t} = \frac{\frac{\pi}{3}}{2\pi \times \frac{1}{180}} = \frac{180\pi}{6\pi} = 30\ [Hz]$$

5.3 교류의 표시

정현파 교류신호의 세기를 나타내는 방법에 대해 살펴본다.

1) 교류신호의 방정식

교류신호는 시간에 따라 계속 변하는 순시값이기 때문에 정현파에 대한 방정식으로 다음과 같이 나타낸다.

□ **순시값**

- 교류 전압 $v(t) = V_m \sin wt\ [V]$
- 교류 전류 $i(t) = I_m \sin wt\ [A]$

□ **최대값**

정현파의 순시값 중에 전압의 세기가 가장 클 때의 값을 의미한다.

$V_m = V_{\max}$

□ **평균값**

교류 파형은 +, −로 주기적으로 변하기 때문에 한 주기(파장)의 평균값은 0이다. 고로 평균값(Average Value)은 반 주기에 대한 평균값으로 나타낸다.

$$V_{av} = \frac{1}{T}\int_0^T V_m \sin\omega t\ dt = \frac{2}{T}\int_0^{\frac{T}{2}} V_m \sin\omega t\ dt = \frac{2}{\pi}V_m$$

$$I_{av} = \frac{1}{T}\int_0^T I_m \sin\omega t\ dt = \frac{2}{T}\int_0^{\frac{T}{2}} I_m \sin\omega t\ dt = \frac{2}{\pi}I_m$$

여기서 V_{av} : 순시 전압의 평균값, I_{av} : 순시 전류의 평균값

$$T = 2\pi \quad \therefore \frac{T}{2} = \pi$$

교류전압에 대한 최대값과 평균값의 관계는 다음과 같다.

$$V_{av} = \frac{2}{\pi}V_m, \qquad I_{av} = \frac{2}{\pi}I_m$$

□ **실횻값**

교류 파형은 +, −로 주기적(시간에 따라 계속 변함)이기 때문에 한 파장(주기)의 평균값은 0이다. 따라서 교류전압 및 교류전류의 세기(크기)는 제곱의 평균값인 실효값(rms : Root Mean Square)으로 나타낸다.

$$V_r = \sqrt{\frac{1}{T}\int_0^T (V_m \sin\omega t)^2\ dt} = \sqrt{\frac{2}{T}\int_0^{\frac{T}{2}} (V_m \sin\omega t)^2\ dt} = \frac{V_{max}}{\sqrt{2}}$$

$$I_r = \sqrt{\frac{1}{T}\int_0^T (I_m \sin\omega t)^2\ dt} = \sqrt{\frac{2}{T}\int_0^{\frac{T}{2}} (I_m \sin\omega t)^2\ dt} = \frac{I_{max}}{\sqrt{2}}$$

교류전압에 대한 최대값과 실효값의 관계는 다음과 같다.

$$V_r = \frac{V_{max}}{\sqrt{2}}, \quad V_{max} = \sqrt{2}\,V_r$$

여기서 V_r : 실효값, V_{max} : 최대값

교류전류의 최대값과 실효값의 관계는

$$I_r = \frac{I_{max}}{\sqrt{2}}, \quad I_{max} = \sqrt{2}\,I_r$$

여기서 I_r : 실효값, I_{max} : 최대값

□ 파고율

파고율(Peak Factor)은 정현파의 최댓값과 실홋값에 대한 비(比)로 파형의 피크(Peak)를 판단할 수 있다.

$$\text{파고율} = \frac{\text{최댓값}}{\text{실홋값}} = \frac{V_{max}}{V_r} = \frac{V_{max}}{\frac{V_{max}}{\sqrt{2}}} = \sqrt{2} = 1.414$$

□ 파형률

파형율(Form Factor)은 정현파의 실홋값과 평균값에 대한 비(比)로 파형의 형태(Form)를 판단할 수 있다.

$$\text{파형율} = \frac{\text{실홋값}}{\text{평균값}} = \frac{V_r}{V_{av}} = \frac{\frac{V_{max}}{\sqrt{2}}}{\frac{2}{\pi}V_{max}} = \frac{\pi}{2\sqrt{2}} = 1.11$$

5.4 교류의 벡터

물리량을 나타내는 방법에는 크기만으로 표시하는 스칼라(Scalar)가 있고, 크기와 방향으로 표시하는 벡터(Vector)가 있다. 교류는 시간에 따라 위상(Phase)이 달라지므로 크기는 물론 방향까지 고려한 벡터로 나타낸다.

1) 벡터 표시법

순시 전류가 $i(t) = 100\sqrt{2}\sin(wt + \frac{\pi}{6})$라면

□ 삼각함수법

교류를 실수부와 허수부를 각각 cos 과 sin으로 나타낸다.

$$\dot{I} = I(\cos\theta + j\sin\theta) = 100(\cos\frac{\pi}{6} + j\sin\frac{\pi}{6})$$

□ **복소수법**

교류를 실수부와 허수부를 복소수 형식으로 나타낸다.

$$\dot{I} = a + jb = (100\cos\frac{\pi}{6}) + j(100\sin\frac{\pi}{6}) = 50\sqrt{3} + j50$$

$$|\dot{I}| = \sqrt{a^2 + b^2} = \sqrt{(50\sqrt{3})^2 + 50^2}$$

$$\theta = \tan^{-1}\frac{b}{a}$$

□ **극좌표법(극형식법)**

교류를 크기(실효값)와 각도(위상각)로 나타낸다.

$$\dot{I} = I\angle\theta = 100\angle\frac{\pi}{6}$$

2) 극좌표법 계산

극좌표법에서 곱셈과 나눗셈 계산 방법

$\dot{I_1} = I_1\angle\theta_1 = 100\angle\frac{\pi}{6}$, $\dot{I_2} = I_2\angle\theta_2 = 2\angle\frac{\pi}{3}$ 라면

□ 곱셈 : $\dot{I_1}\times\dot{I_2} = I_1\angle\theta_1\times I_2\angle\theta_2 = (100\times2)\angle(\frac{\pi}{6}+\frac{\pi}{3}) = 200\angle\frac{\pi}{2}$

□ 나눗셈 : $\frac{\dot{I_1}}{\dot{I_2}} = \frac{I_1\angle\theta_1}{I_2\angle\theta_2} = \frac{100}{2}\angle(\frac{\pi}{6}-\frac{\pi}{3}) = 50\angle-\frac{\pi}{6}$

예제 **복소수 $\dot{A} = 6 + j8$ 를 극좌표법으로 표현하시오.**

해설 크기 $|\dot{A}| = \sqrt{6^2+8^2} = 10$

위상각 $\theta = \tan^{-1}\frac{8}{6} = 53.13^\circ$

고로, 극좌표 : $10\angle53.13^\circ$

예제 **극좌표 $5\angle 60°$ 을 삼각함수법과 직각좌표법으로 표현하시오.**

해설 - 삼각함수법 : $5\angle 60° = 5(\cos 60° + j\sin 60°) = 5(\cos\frac{\pi}{3} + j\sin\frac{\pi}{3})$

- 직각좌표법 : $5\angle 60° = 5(\cos\frac{\pi}{3} + j\sin\frac{\pi}{3}) = 5(\frac{1}{2} + j\frac{\sqrt{3}}{2})$

예제 $\dot{A} = 6 + j8$, $\dot{B} = 4\angle 60°$ **일 때, 두 벡터를 사칙연산**(+, −, ×, ÷)**하시오.**

해설 난이도 UP을 위해 벡터 하나는 (복소수로 주지 않고) 극좌표로 주어졌음

$\dot{B} = 4\angle 60° = 4(\frac{1}{2} + j\frac{\sqrt{3}}{2}) = 2 + j2\sqrt{3}$

- $\dot{A} + \dot{B} = (6 + j8) + (2 + j2\sqrt{3}) = 8 + j(8 + 2\sqrt{3})$
- $\dot{A} - \dot{B} = (6 + j8) - (2 + j2\sqrt{3}) = 4 + j(8 - 2\sqrt{3})$
- $\dot{A} \times \dot{B} = (6 + j8) \times (2 + j2\sqrt{3})$

$= (6\times 2) + j(6\times 2\sqrt{3}) + j(8\times 2) + j^2(8\times 2\sqrt{3})$

$= (12 - 16\sqrt{3}) + j(12\sqrt{3} + 16) \quad \Leftarrow j^2 = -1$

- $\dot{A} \div \dot{B} = \frac{6 + j8}{2 + j2\sqrt{3}} = \frac{(6 + j8)(2 - j2\sqrt{3})}{(2 + j2\sqrt{3})(2 - j2\sqrt{3})}$

$= \frac{(12 + 16\sqrt{3}) + j(16 - 12\sqrt{3})}{(4 + 12)}$

$= \frac{(12 + 16\sqrt{3})}{16} + j\frac{16 - 12\sqrt{3}}{16}$

5.5 교류회로

교류전원과 수동소자 R, L, C로 구성된 회로이다.

R $\quad$ L $\quad$ C

$V_R = IR \qquad V_L = L\frac{dI}{dt} \qquad V_C = \frac{Q}{C}$

그림. R, L, C

직류가 아닌 교류를 전원으로 인가하는 수동소자인 인덕터(Inductor)와 커패시터(Capacitor)로 구성된 회로에서는 교류 전압 및 전류의 위상차(Phase Difference)를 고려해야 한다.

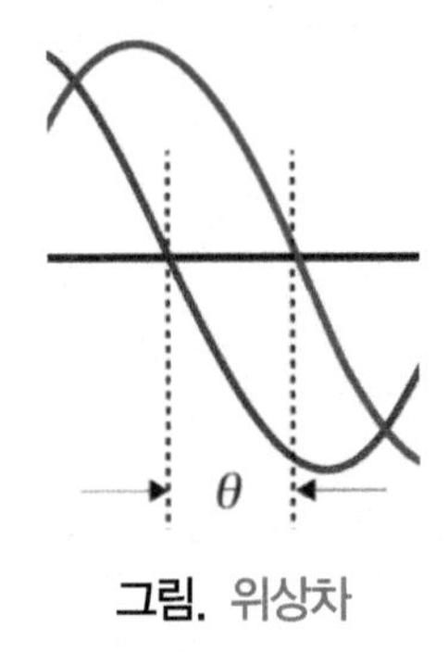

그림. 위상차

교류의 기본 회로는 교류전원과 저항 · 인덕터 · 커패시터로 구성된 회로를 말한다.

1) 저항 회로

교류전원과 저항(Resistor)으로만 구성된 회로로 저항R 양단의 전압강하e는 다음과 같다.

$$e = v_R = i(t) \cdot R\ [V] \quad \Leftarrow \text{ 옴의 법칙}$$

$$= I_m \sin\theta \cdot R = I_m \sin\omega t \cdot R\ [V] \quad \Leftarrow \theta = \omega t$$

여기서 $i(t) = I_m \sin\omega t$: 교류의 순시값

저항만의 회로에서는 교류 전압과 전류 사이에 위상차가 없는 동위상(Inphase)이다.

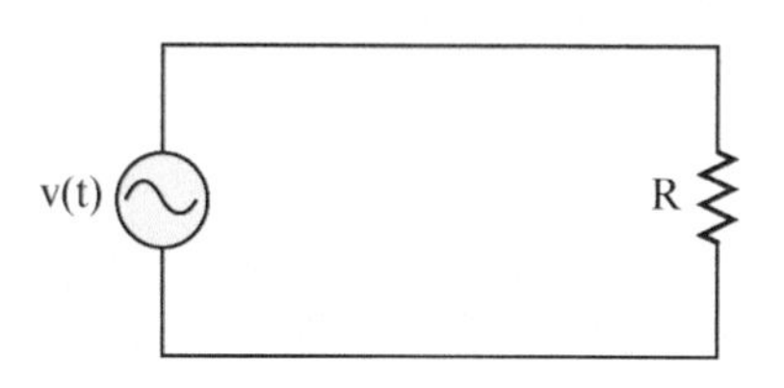

그림. 저항 회로

그림. 저항 소자(참고 : 파츠테크)

2) 인덕터L 회로

교류전압과 수동소자인 인덕터(Inductor)로 연결된 회로이다. 인덕터에 교류전원을 인가하면 코일 주위에 자기장이 형성된다. 즉, 자기장의 형태로 에너지를 저장한다. 따라서 전자기파 발생, 전류 저장 및 변화 측정, 발전기 및 전원공급 장치 등에 사용된다.

그림. 인덕터 소자

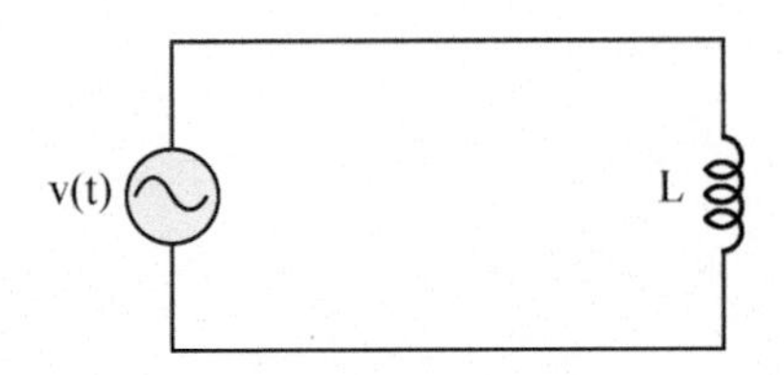

그림. 인덕터 회로

인덕턴스(Inductance)는 인턱터(Inductor)의 자기장의 크기를 수치로 나타낸 비례상수 L이다.

인덕터에 걸리는 부하전압v_L과 순시전류$i(t)$, 인덕턴스L와의 관계

$$v_L = L\frac{di(t)}{dt} = L\frac{d}{dt}(I_m \sin wt)\ [V]$$
$$= wLI_m \cos wt$$
$$= wLI_m \sin(wt + 90^\circ) \quad \Leftarrow \cos wt = \sin(wt + 90^\circ)$$
$$= jwLI_m \sin wt \quad \Leftarrow \sin 90^\circ = j$$

□ 순시전류$i(t)$와 부하전압v_L의 위상차

순시전류 $i(t) = I_m \sin wt$와 부하의 단자전압 $v_L = wLI_m \sin(wt + 90^\circ)$을 비교하면 순시전류의 위상 wt는 부하전압의 위상 $wt = -90^\circ$ 보다 90° 뒤진다. 즉 지상이다.

□ 유도성 리액턴스X_L

유도성 리액턴스 X_L은 옴의 법칙 $V = I \cdot X_L$에 의해

$$v_L = X_L \cdot I_m \sin(wt + 90^\circ) = jX_L \cdot I_m \sin(wt)$$

고로, 유도성 리액턴스 $X_L = wL = 2\pi fL \qquad \Leftarrow w = 2\pi f$

한편, 부하전압 $v_L = L\frac{di(t)}{dt}$에서 순시전류 $i(t)$는 다음과 같다.

$$i(t) = \frac{1}{L}\int v\,dt$$

3) 커패시터 C 회로

교류전압과 커패시터(Capacitor) 소자를 연결한 회로이다. 교류전원을 인가하면 커패시터에 전기에너지를 저장한다. 즉, 전기장의 형태로 에너지를 저장한다. 따라서 전기에너지 저장, 전류 제어, 전압 변환 등에 사용된다.

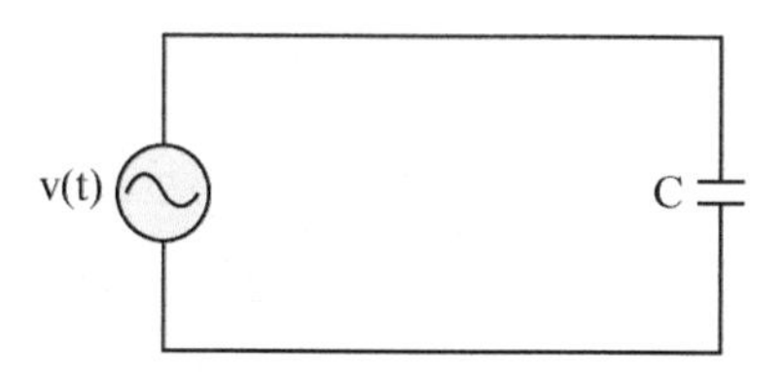

그림. 커패시터 회로

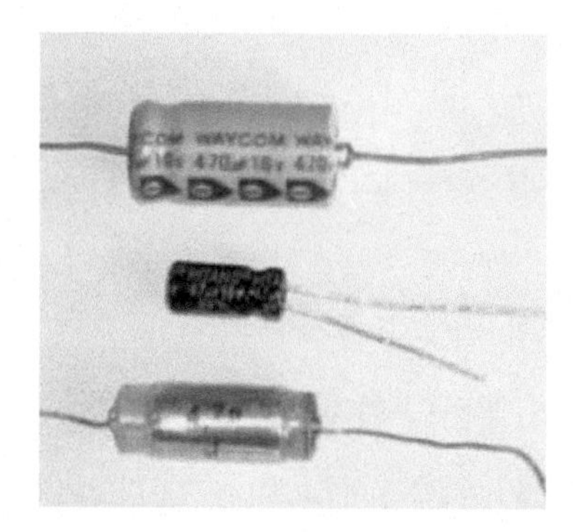

그림. 커패시터 소자(참고 : 나쉼)

커패시턴스(Capacitance) C는 수동소자인 커패시터(Capacitor)에 전기에너지를 저장할 수 있는 크기를 수치로 나타낸 비례상수이다.

커패시터에 걸리는 부하전압 v_C과 순시전류 $i(t)$, 커패시턴스 C의 관계

$$Q = C \cdot V$$

$$\int dq = C \cdot \int dv \qquad \Leftarrow \; dq = i(t)\,dt, \quad \int dv = v$$

$$\therefore \; v_C = \frac{1}{C}\int i\,dt = \frac{1}{C}\int (I_m \sin wt)dt \; [V] \qquad \Leftarrow \int \sin\theta = -\cos\theta$$

$$= -\frac{1}{wC} I_m \cos wt$$

$$=-\frac{1}{wC}I_m\sin(wt+90°) = \frac{1}{wC}I_m\sin(wt-90°)$$

$$=-j\frac{1}{wC}I_m\sin(wt)$$

$$=\frac{1}{jwC}I_m\sin(wt)$$

★ 유도과정

① 유도 과정에서 $v(t)$와 $i(t)$의 위상차를 비교하기 위해서 정현파 $\cos\omega t$를 $\sin\omega t$로 일치시켜줘야 한다. 따라서 $\cos\omega t$의 x축에 대칭인 $-\cos\omega t$를 그린 후, $\sin\omega t$의 그래프랑 비교해보면 $-\cos\omega t$는 $\sin(\omega t-90°)$와 같다.

즉, $-\cos\omega t = \sin(\omega t-90°)$

② 전압의 위상인 $\sin(\omega t-90°)$가 전류의 위상인 $\sin(\omega t)$ 보다 $90°$ 늦은 위상차를 가지므로 $-j\frac{1}{\omega C}$가 된다. 이때 j를 분모, 분자에 각각 곱해주면

$$-j\frac{1}{\omega C} = \frac{1}{j\omega C} \qquad \Leftarrow j^2 = -1$$

□ 순시전류$i(t)$와 부하전압v_C의 위상차

순시전류 $i(t)=I_m\sin wt$와 부하의 단자전압 $v_C=\frac{1}{wC}I_m\sin(wt-90°)$을 비교하면 순시전류의 위상 wt는 부하전압의 위상 $wt=+90°$ 보다 $90°$ 앞선다. 즉 진상이다.

□ 용량성 리액턴스X_C

용량성 리액턴스X_C는 옴의 법칙$V=I\cdot X_C$에 의해

$$v_C=X_C\cdot I_m\sin(wt-90°)=-jX_C\cdot I_m\sin(wt)$$

고로, 용량성 리액턴스 $X_C=\frac{1}{wC}=\frac{1}{2\pi fC} \qquad \Leftarrow w=2\pi f$

● 집중

유도 과정은 이해만으로도 충분하지만 공식은 반드시 기억해야 한다.
기사 및 산업기사 문제에 자주 출제된다.

4) R-L 직렬회로

교류전압이 저항R과 인덕터L 소자가 직렬로 연결된 회로이다. 전압분배법칙에 의해 인가된 교류 전압은 저항과 인덕터에 분배된다. 저항에 분배되는 전압은 전류와 저항의 크기에 비례하고, 인덕터의 분배 전압은 인덕턴스와 전류의 변화량에 비례한다. 이때 교류전압과 저항, 인덕터와의 위상 관계는 저항의 전압은 동위상이고, 인덕터의 전압과는 90° 위상차를 가진다.

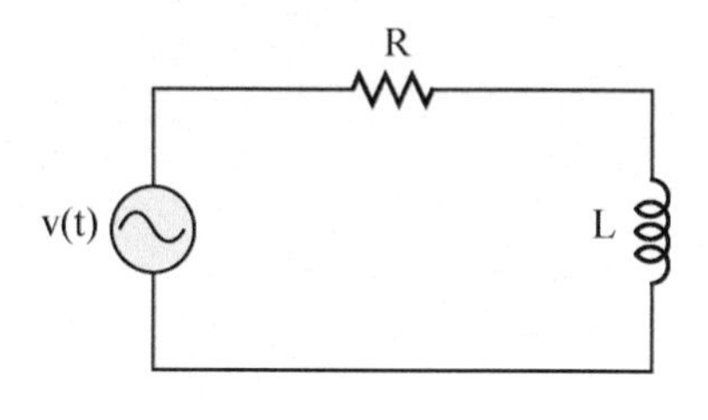

그림. R-L 직렬회로

교류전압은 저항과 인덕터에 분배되는 전압의 합

$$v(t) = v_R + v_L = R \cdot I_m \sin wt + X_L \cdot I_m \cos wt$$

$$= I_m (R \cdot \sin wt + X_L \cdot \cos wt)$$

$$= I_m \sqrt{R^2 + X_L^2} \left(\frac{R}{\sqrt{R^2 + X_L^2}} \cdot \sin wt + \frac{X_L}{\sqrt{R^2 + X_L^2}} \cdot \cos wt \right)$$

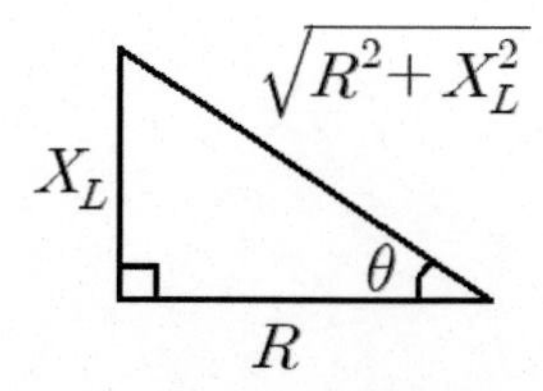

그림. 삼각비

$$= I_m \sqrt{R^2 + X_L^2}(\cos\theta \cdot \sin wt + \sin\theta \cdot \cos wt)$$ ⇐ 삼각비 이용

$$\therefore v(t) = I_m \sqrt{R^2 + X_L^2} \sin(wt + \theta)$$ ⇐ 삼각함수 합성공식 이용

여기서 전압의 최댓값 V_m과 임피던스 Z는 각각 $I_m \sqrt{R^2 + X_L^2} = V_m$, $\sqrt{R^2 + X_L^2} = Z$

- 유도성 회로 : 유도성 리액턴스의 값이 저항값보다 큰 경우, $X_L > R$

★ 기사(산업) 기출 분석 : 조건에서 리액턴스 값을

① $[\Omega]$ 값으로 알려주는 경우

② 주파수 f와 인덕턴스 값인 $[H]$로 알려주는 경우

로 나눠진다.

예제 RL **직렬회로에서 교류전원이** $100[V]$**이고, 저항과 유도성 리액턴스가 각각** $R = 8[\Omega]$, $X_L = 6[\Omega]$ **일 때, 전류와 위상각을 구하시오.**

해설 옴의 법칙 : $V = I \cdot Z$

□ 임피던스 $Z = \sqrt{R^2 + X_L^2} = \sqrt{8^2 + 6^2} = 10[\Omega]$

□ 전류 $I = \dfrac{V}{Z}$

$$= \frac{100[V]}{10[\Omega]} = 10[A]$$

□ 위상각 $\theta = \tan^{-1}\dfrac{6}{8}$

$$= 36.87^\circ$$

전류가 전압보다 뒤진다. 즉, 지상이다.

예제 RL **직렬회로에서 주파수** $60\,[Hz]$**인 교류전압** $100\,[V]$**를 저항**$R=8\,[\Omega]$**과 인덕턴스** $L=15.9\,[mH]$**인 인덕터에 인가할 때, 전류와 위상각을 구하시오.**

해설 인덕터의 유도성 리액턴스 값을 먼저 구하면 이전 예제의 문제와 같다.

□ $X_L = wL$
$= 2\pi f L = 2\pi \times 60\,[Hz] \times 15.9 \times 10^{-3}\,[H]$
$\fallingdotseq 6\,[\Omega]$

□ 전류와 위상각을 구하는 계산과정은 이전 예제 해설과정과 동일함.

예제 RL **직렬회로에서 교류전압** $100\,[V]$**을 인가하였더니 전류** $20\,[A]$**가 위상차** 60° **(지상)로 흘렀을 때, 유도성 리액턴스를 구하시오.**

해설 □ 옴의 법칙 $V = I \cdot Z$ 에서

$$Z = \frac{V}{I} = \frac{100\,[V]}{20\,[A]} = 5\,[\Omega]$$

□ 위상차 $\theta = 60^\circ$ 에서

$$\tan 60^\circ = \frac{X_L}{R} = \frac{\sqrt{3}}{1}$$

$$\therefore X_L = \sqrt{3}\,R$$

□ $R = ?$ 구하기

임피던스 $Z = \sqrt{R^2 + X_L^2}$
$= \sqrt{R^2 + (\sqrt{3}\,R)^2}$
$5 = \sqrt{4R^2} = 2R$
$\therefore R = \frac{5}{2}$

□ $X_L = ?$ 구하기

리액턴스 $X_L = \sqrt{3}\,R$
$= \sqrt{3}\,\frac{5}{2} = \frac{5\sqrt{3}}{2}$

5) R-C 직렬회로

교류전압이 저항R 소자와 커패시터C 소자가 직렬로 연결된 회로이다. 전압분배법칙(KVL)에 의해 인가된 교류전압은 저항과 커패시터에 분배된다. 저항에 분배되는 전압은 전류와 저항의 크기에 비례하고, 커패시터의 분배 전압은 커패시턴스의 크기에 반비례한다. 이때 레지스턴스와 커패시턴스에 의해 위상차가 발생된다.

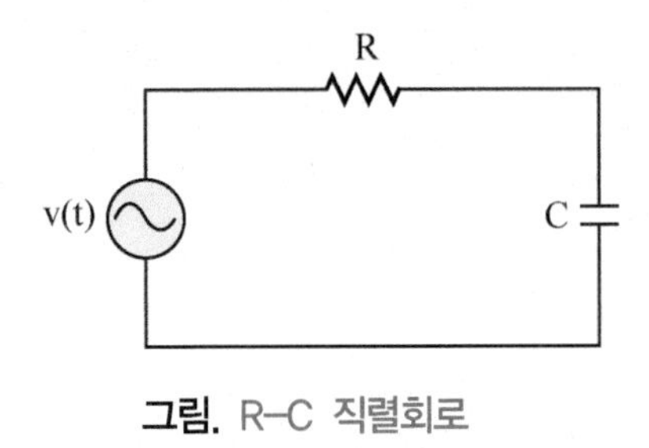

그림. R-C 직렬회로

교류전압은 저항과 커패시터에 분배되는 전압의 합이다.

$$
\begin{aligned}
v(t) = v_R + v_C &= R \cdot I_m \sin wt - X_C \cdot I_m \cos wt \\
&= I_m (R \cdot \sin wt - X_C \cdot \cos wt) \\
&= I_m \sqrt{R^2 + X_C^2} \left(\frac{R}{\sqrt{R^2 + X_C^2}} \cdot \sin wt + \frac{X_C}{\sqrt{R^2 + X_C^2}} \cdot \cos wt \right) \\
&= I_m \sqrt{R^2 + X_L^2} (\cos\theta \cdot \sin wt - \sin\theta \cdot \cos wt) \qquad \Leftarrow \text{삼각비 이용}
\end{aligned}
$$

$$\therefore v(t) = I_m \sqrt{R^2 + X_L^2} \sin(wt - \theta) \qquad \Leftarrow \text{삼각함수 합성공식 이용}$$

여기서 전압의 최댓값V_m과 임피던스Z는 각각 $I_m \sqrt{R^2 + X_C^2} = V_m$, $\sqrt{R^2 + X_C^2} = Z$
전류 위상이 전압 위상보다 앞선다. 즉, 진상이다.

- 용량성 회로 : 용량성 리액턴스의 값이 저항값 보다 큰 경우, $X_C > R$

★ 기사(산업) 기출 분석 : 조건에서 리액턴스 값을

① $[\Omega]$ 값으로 알려주는 경우

② 주파수f와 커패시턴스 값인 $[F]$으로 알려주는 경우

로 나눠진다.

예제 RC 직렬회로에서 교류전원이 $100\,[V]$이고, 저항과 유도성 리액턴스가 각각 $R=8\,[\Omega]$, $X_C=6\,[\Omega]$ 일 때, 전류와 위상각을 구하시오.

해설 옴의 법칙 : $V=I\cdot Z$

□ 임피던스 $Z=\sqrt{R^2+X_C^2}=\sqrt{8^2+6^2}=10\,[\Omega]$

$R=8\,[\Omega]$, $X_C=6\,[\Omega]$ 일 때, 전류$[A]$와 위상각$[^\circ]$을 구하시오.

□ 전류 $I=\dfrac{V}{Z}$

$$=\frac{100\,[V]}{10\,[\Omega]}=10\,[A]$$

위상각 $\theta=\tan^{-1}\dfrac{6}{8}$

$$=36.87^\circ$$

전류가 전압보다 앞선다. 즉, 진상이다.

6) R-L-C 직렬회로

교류전압이 저항R 소자와 인덕터L 소자, 커패시터C 소자가 직렬로 연결된 회로이다. 전압분배 법칙에 의해 인가된 교류전압은 저항과 인덕터, 커패시터에 분배된다. 레지스턴스, 인덕턴스, 커패시턴스에 의해 전류의 위상차가 발생된다.

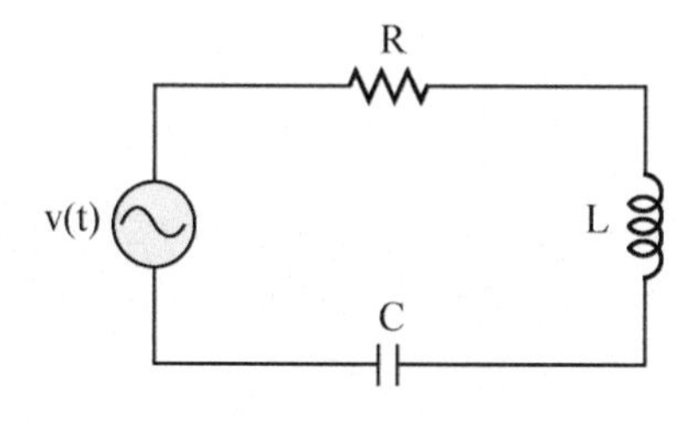

그림. R-L-C 직렬회로

$$v(t)=v_R+v_L+v_C$$
$$=I_m[R\sin wt+(X_L-X_C)\cos wt]$$
$$=I_m[R\sin wt+X\cos wt] \qquad \Leftarrow X=X_L-X_C$$
$$=I_m\sqrt{R^2+X^2}\left[\frac{R}{\sqrt{R^2+X^2}}\sin wt+\frac{X}{\sqrt{R^2+X^2}}\cos wt\right] \qquad \Leftarrow \text{삼각비 이용}$$

$$= I_m \sqrt{R^2 + X^2}\,[\cos\theta \; \sin wt + \sin\theta \; \cos wt] \quad \Leftarrow \text{ 삼각함수의 합성공식 이용}$$

$$= I_m \sqrt{R^2 + X^2}\; \sin(wt + \theta) \qquad \Leftarrow \text{ 위상차 } \theta = \tan^{-1}\frac{X}{R}$$

□ 임피던스 $Z = \sqrt{R^2 + (X_L - X_C)^2}$

□ 위상차 $\theta = \tan^{-1}\frac{X}{R}$

(1) 직렬공진

직렬공진(Series Resonance)은 저항, 인덕터, 커패시터가 직렬로 연결된 회로에 교류전압을 인가하면 유도성 인덕턴스 X_L과 용량성 커패시턴스 X_C가 서로 상쇄되어 임피던스의 허수부인 리액턴스가 0이 된다. 따라서 전류가 증가한다. 이때의 주파수를 공진주파수라고 합니다.
즉, 공진주파수 시 회로의 임피던스는 최소, 전류는 최대이다.

★ 공진 조건 :
유도성 리액턴스와 용량성 리액턴스가 같을 때 공진이 발생한다.

$$X_L = X_C$$

□ 공진주파수 구하는 유도과정 :

$$wL = \frac{1}{wC}$$

$$2\pi f L = \frac{1}{2\pi f C}$$

$$\therefore f = \frac{1}{2\pi\sqrt{LC}}$$

예제 RLC 직렬회로에서 저항이 $5\,[\Omega]$, 인덕턴스가 $160\,[mH]$, 커패시턴스가 $9\,[\mu F]$일 때, 공진주파수를 구하시오.

해설 공진주파수 : $f = \dfrac{1}{2\pi\sqrt{LC}}$

$$\therefore f = \frac{1}{2\pi\sqrt{160\times10^{-3}\times9\times10^{-6}}}$$
$$= \frac{1}{2\pi\times5\times10^{-4}} = \frac{10^4}{10\pi} = \frac{10^3}{\pi}$$
$$= 318.31\,[Hz]$$

예제 RLC 직렬회로에서 저항 $30\,[\Omega]$, 유도성 및 용량성 리액턴스 각각 $50\,[\Omega]$, $10\,[\Omega]$일 때, 임피던스를 구하시오.

해설 □ 임피던스 $Z = \sqrt{R^2 + (X_L - X_C)^2}$

$$\therefore Z = \sqrt{30^2 + (50-10)^2} = 50\,[\Omega]$$

7) R-L-C 병렬회로

교류전압이 저항R과 인덕터L, 커패시터C 소자가 병렬로 연결된 회로이다. 전류분배법칙에 의해 인가된 교류전압에 의한 전류가 저항과 인덕터, 커패시터에 분배된다.

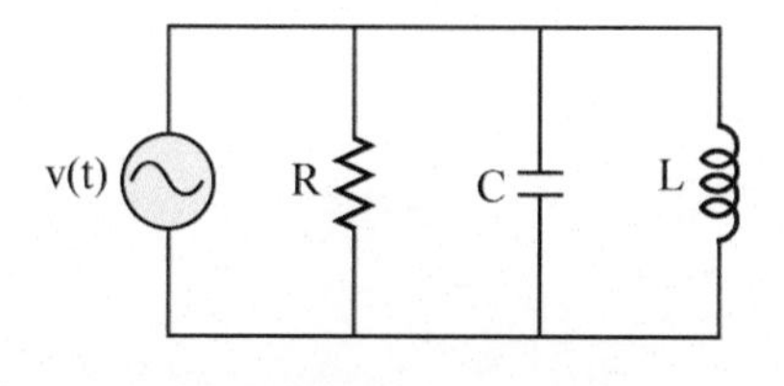

그림. RLC 병렬회로

□ RLC 병렬회로에서 전류

$$I_0 = I_1 + I_2 + I_3 = \frac{V}{Z_1} + \frac{V}{Z_2} + \frac{V}{Z_3} \qquad \Leftarrow \text{병렬이므로 } V_1 = V_2 = V_3$$

$$= V\left(\frac{1}{Z_1} + \frac{1}{Z_2} + \frac{1}{Z_3}\right)$$

□ 임피던스와 어드미턴스의 관계

임피던스 Z의 역수는 어드미턴스 Y이다.

$$Z = \frac{1}{Y}$$

따라서 위의 전류관계식을 어드미턴스로 나타내면

$$I_0 = V\left(\frac{1}{Z_1} + \frac{1}{Z_2} + \frac{1}{Z_3}\right)$$

$$= V(Y_1 + Y_2 + Y_3)$$

- 합성 임피던스 $Z_0 = \dfrac{1}{\sqrt{(\frac{1}{R})^2 + (\frac{1}{X_C} - \frac{1}{X_L})^2}}$
- 합성 어드미턴스 $Y_0 = \sqrt{(\frac{1}{R})^2 + (\frac{1}{X_C} - \frac{1}{X_L})^2} \qquad \Leftarrow Z = \frac{1}{Y}$
- 위상차 $\theta = \tan^{-1}\dfrac{\frac{1}{X_C - X_L}}{\frac{1}{R}} = \tan^{-1}R\left(\frac{1}{X_C} - \frac{1}{X_L}\right)$

(1) 병렬공진

병렬공진(Parallel Resonance)은 저항, 인덕터, 커패시터가 병렬로 연결된 회로에 교류전압을 가하면 인덕턴스와 커패시턴스가 서로 상쇄되어 리액턴스가 무한대∞ 되어 전류가 흐르지 않는다. 이때의 주파수를 공진주파수라고 한다.

즉, 공진주파수 시 회로의 임피던스는 무한대, 전류는 0이다.

★ 공진 조건

직렬공진과 동일하게 유도성 리액턴스와 용량성 리액턴스가 같을 때 공진이 발생한다.

$X_L = X_C$

□ 공진주파수 구하는 유도과정

$$wL = \frac{1}{wC}$$

$$2\pi f L = \frac{1}{2\pi f C}$$

$$\therefore f = \frac{1}{2\pi\sqrt{LC}}$$

예제 RLC **병렬회로에서 저항** $R = 10\,[\Omega]$, $X_L = 5\,[\Omega]$, $X_C = 2\,[\Omega]$**일 때, 합성 임피던스를 구하시오.**

해설1 합성 임피던스 Z_0

$$Z_0 = \frac{1}{\sqrt{(\frac{1}{R})^2 + (\frac{1}{X_C} - \frac{1}{X_L})^2}}$$

$$\therefore Z_0 = \frac{1}{\sqrt{(\frac{1}{10})^2 + (\frac{1}{2} - \frac{1}{5})^2}} \fallingdotseq 3.16\,[\Omega]$$

해설2 합성 어드미턴스 Y_0

$$Y_0 = \sqrt{(\frac{1}{R})^2 + (\frac{1}{X_C} - \frac{1}{X_L})^2} \qquad \Leftarrow Z = \frac{1}{Y}$$

$$\therefore Y_0 = \sqrt{(\frac{1}{10})^2 + (\frac{1}{2} - \frac{1}{5})^2} \fallingdotseq 0.316\,[℧]$$

고로, $Z_0 = \frac{1}{Y_0}$

$$\fallingdotseq \frac{1}{0.316} \fallingdotseq 3.16\,[\Omega]$$

★ 집중 : 난이도 UP을 위한 예제 만들기

예제 RLC **병렬회로에서 교류전원의 주파수** $f=60\,[Hz]$ **저항이고,**
$R=10\,[\Omega]$, $L=5\,[mH]$, $C=2\,[\mu F]$ **일 때, 합성 임피던스를 구하시오.**

해설

□ 먼저, $L=5\,[mH]$, $C=2\,[\mu F]$를 각각 $X_L\,[\Omega]$, $X_C\,[\Omega]$으로 변환해준다.

$X_L=2\pi f\times5\times10^{-3}\,[\Omega]$

$X_C=2\pi f\times2\times10^{-6}\,[\Omega]$

□ 나머지 해설과정은 앞 예제와 동일하다.

예제 **직렬회로에서 교류전압** $100\,[V]$, **저항** $30\,[\Omega]$, **유도성 및 용량성 리액턴스 각각** $50\,[\Omega]$, $10\,[\Omega]$ **일 때, 전류와 위상각을 구하시오.**

해설

□ 임피던스 $Z=\sqrt{R^2+(X_L-X_C)^2}$

$\therefore\ Z=\sqrt{30^2+(50-10)^2}=50\,[\Omega]$

□ 전류 $I=\dfrac{V}{Z}$

$\therefore\ I=\dfrac{100\,[V]}{50\,[\Omega]}=2\,[A]$

□ 위상각 $\theta=\tan^{-1}\dfrac{X_L-X_C}{R}$

$\therefore\ \theta=\tan^{-1}\dfrac{50-10}{30}$

$=53.13^\circ$

예제 그림과 같은 회로에서 단자 a, b 사이에 주파수 $f\,[Hz]$의 정현파 전압을 가했을 때 전류계 A_1, A_2의 값이 같았다. 이 경우 f, L, C 사이의 관계로 옳은 것은?

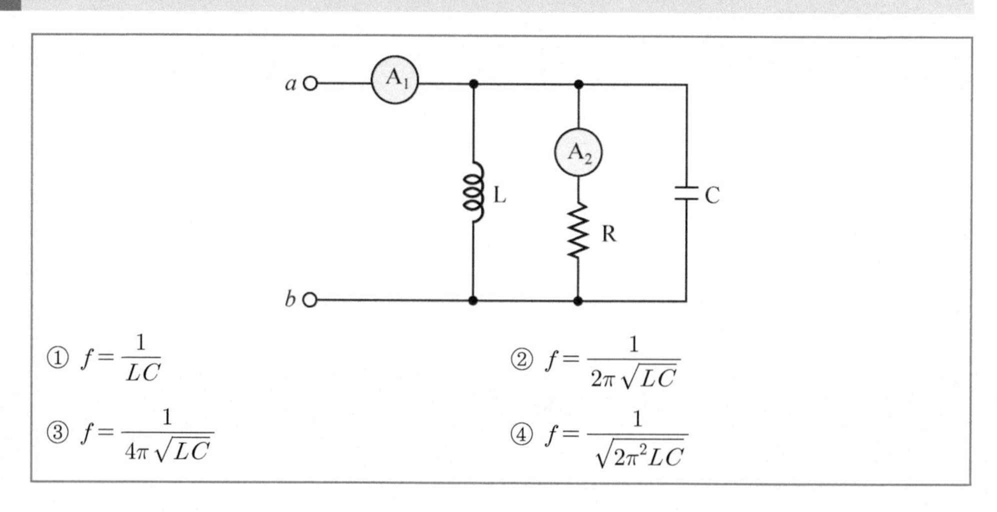

① $f = \dfrac{1}{LC}$

② $f = \dfrac{1}{2\pi\sqrt{LC}}$

③ $f = \dfrac{1}{4\pi\sqrt{LC}}$

④ $f = \dfrac{1}{\sqrt{2\pi^2 LC}}$

해설 공진주파수

전류계 A_1, A_2의 값이 같다.는 조건에는 L과 C가 공진 상태이다.가 숨겨져 있다. 즉, 공진은 임피던스의 허수부가 0일 때이다.

L과 C에 의해서 정해지는 고유주파수와 전원의 주파수가 일치하면 공진현상을 일으켜 전류 또는 전압이 최대가 되는데 이 주파수를 공진주파수라 한다.

□ $A_1 = A_2$ 조건에서 L, C로 흐르는 전류는 없다. 즉, $I_L = 0$, $I_C = 0$

고로, $X_L = X_C = \infty$

$$wL = \frac{1}{wC}$$

$$2\pi f L = \frac{1}{2\pi f C}$$

$$\therefore f = \frac{1}{2\pi\sqrt{LC}}\ [Hz]$$

정답 ②

5.6 전력, 전력량

전력$P\,[W]$은 단위 시간t [sec]당 전류가 할 수 있는 일$W\,[J]$의 양으로 정의한다.

$P\,[W] = \dfrac{W\,[J]}{t\,[\text{sec}]}$ 이다.

1) 직류에서 전력

★ 일(에너지)로부터 전력량을 유도하는 과정

$W = F \cdot S$ ⇐ 일

$= E\,Q \cdot S$ ⇐ $F = E\,Q$

$= Q \cdot V$ ⇐ $V = E\,S$

$= I\,t \cdot V$ ⇐ $Q = I\,t$

$= V \cdot I\,t$ ⇐ $P = V\,I$

$= P \cdot t$ ⇐ 전력량

예제 **전류$I = 10\,[A]$, 전압$V = 220\,[V]$인 경우, 전력을 구하시오.**

해설 전력의 공식 중 문제 조건에 주어진 V, I를 사용한 $P = VI$를 이용한다.

$P = VI$

$= 220 \times 10 = 2200\,[V]$

★ 전력을 다룰 때, 다음의 3가지 전력을 반드시 이해해야 한다.

- 피상전력P_a : 전원에서 공급되는 전력
- 유효전력P : 부하(단자)에 실제로 사용되는 전력
- 무효전력P_r : 자연현상에 의해 나타나는(유기되는) 성분으로 부하에는 사용할 수 없는 무효한 성분의 전력

2) 교류회로에서 R의 전력

교류회로에서 저항R 양단의 순시 전압 $v(t) = V_m \sin wt$과 순시 전류 $i(t) = I_m \sin wt$일 때,

□ 순시 전력$p(t)$:

$p(t) = v(t) \cdot i(t)$

$= V_m \sin wt \times I_m \sin wt = V_m I_m \sin^2 wt = VI(1 - \cos 2wt)$

□ 평균 전력P : 순시 전력의 1 주기 동안의 평균 전력값

$$P = \frac{1}{T}\int_0^T p\, dt = \frac{1}{T}\int_0^T VI(1 - \cos 2wt)\, dt$$

$= VI\ [W][J/\sec]$ $\Leftarrow t \gg \frac{1}{2w}\sin 2wt$

3) 교류회로에서 인덕터 L의 전력과 전력량

교류회로에서 인덕터L 양단의 순시 전압 $v(t) = V_m \cos wt$ 과 순시 전류 $i(t) = I_m \sin wt$일 때,

□ 순시 전력$p(t)$:

$p(t) = v(t) \cdot i(t)$

$= V_m \cos wt \times I_m \sin wt = \sqrt{2}\, V \sqrt{2}\, I \sin wt \cos wt = VI \sin 2wt$

□ 평균 전력P : 순시 전력의 1 주기 동안의 평균 전력값

$$P = \frac{1}{T}\int_0^T p\, dt = \frac{1}{T}\int_0^T VI \sin 2wt\, dt$$

$= 0$ $\Leftarrow$ 교류전원의 1 주기 동안, 공급=방출 같다.

□ 인덕터 축적에너지 W_L :

인덕터는 전원을 공급 받는 동안에는 주위에 자기가 형성되어 자기에너지(Maganetic Energy)를 축적 W_L한다.

$$W_L = \frac{1}{2}LI^2\ [J]$$

예제 **인덕턴스가 50 $[mH]$인 인덕터에 전류 10 $[A]$가 인가할 때 축적에너지를 구하시오.**

해설 □ 축적에너지 $W_L = \frac{1}{2}LI^2\ [J]$

$\therefore\ W_L = \frac{1}{2} \times 50 \times 10^{-3} \times 10^2 = 25\ [J]$

4) 교류회로에서 커패시터의 전력과 전력량

교류회로에서 커패시터 양단의 순시 전압 $v(t) = -V_m \cos wt$ 과 순시 전류 $i(t) = I_m \sin wt$일 때,

□ 순시 전력 $p(t)$

$$p(t) = v(t) \bullet i(t)$$

$$= -V_m \cos wt \times I_m \sin wt = -\sqrt{2}\,V\sqrt{2}\,I \sin wt \cos wt = -VI\sin 2wt$$

□ 평균 전력 P : 순시 전력의 1 주기 동안의 평균 전력값

$$P = \frac{1}{T}\int_0^T p\ dt = \frac{1}{T}\int_0^T -VI\sin 2wt\ dt$$

$= 0$ ⇐ 교류전원의 1 주기 동안, 공급=방출 같다.

□ 커패시터 충전에너지 W_C

커패시터에 축적되는 충전에너지 W_C는 다음과 같다.

$$W_C = \frac{1}{2}CV^2\ [J]$$

예제 **정전용량이 40 $[\mu F]$인 커패시터에 전압이 220 $[V]$를 인가할 때 충전에너지를 구하시오.**

해설 □ 충전에너지 $W_C = \frac{1}{2}CV^2\ [J]$

$\therefore\ W_C = \frac{1}{2} \times 40 \times 10^{-6} \times 220^2 = 0.97\,[J]$

5.7 전력과 역률

전기요금에는 전기사용량에 역률을 반영하여 요금을 부과한다. 따라서 공급되는 전력인 피상전력과 부하에서 사용되는 유효전력은 반드시 구분할 수 있어야 한다.

1) 전력

부하인 임피던스 $\dot{Z} = Z\angle\theta$ 단자에 순시전류 $i(t) = I_m \sin wt$가 흐를 때의 교류전압은

$$v(t) = V_m \sin(wt+\theta)$$

□ 순시전력 $p(t)$

$$p(t) = v(t) \cdot i(t)$$
$$= V_m I_m \sin(wt+\theta)\sin wt = 2VI\sin(wt+\theta)\sin wt$$
$$= VI\cos\theta - VI\cos\theta(2wt+\theta)$$

□ 평균전력(유효전력) P

$$P = \frac{1}{T}\int_0^T p\,dt = VI\cos\theta$$

여기서 VI: 피상전력P_a

$\cos\theta$: 역률

2) 역률

역률에 대한 생각을 해보기 위해 일상생활에서의 예를 들어보면 다음과 같은 사례를 들 수 있다. 강에서 수영을 해서 건너야 할 때 물살이 있는 경우에는 물살의 세기를 고려해서 어느 정도의 물살 방향으로 거슬러 건너야만 원하는 강 반대편에 최단거리로 도달할 수 있다. 즉, 물살이 없는 경우에는 반대편 면의 수직방향으로 곧장 건너면 되지만, 물살이 있는 경우에는 물살의 세기에 의해 밀리는 각도를 고려하여 출발해야만 원하는 반대편에 도달할 수 있다. 따라서 최단거리(유효전력 : P)로 강을 건너기 위해서는 물살을 세기를 고려한 각도로 출발해야 하므로 어쩔 수 없으나 고려해야 할 필요 없는 성분(무효전력 : P_r)이 발생된다. 이때 각도를 고려한 길이로 유효전력과 무효전력을 고려한 성분을 피상전력 : P_a이라고 한다.

□ 역률(Power Factor)

공급받는 피상전력(P_a : Apparent Power)에 대한 부하에서 사용되는 유효전력(P : Real Power)의 비를 의미한다.

$$P = \frac{1}{T}\int_0^T p\,dt = VI\cos\theta$$ 에서 역률 $\cos\theta$:

$$\cos\theta = \frac{P}{VI} = \frac{P\,[W]}{P_a\,[VA]} \qquad \Leftarrow P_a = VI$$

여기서 P_a : 피상전력

P : 유효전력

□ 무효전력 P_r

인덕터는 전류가 전압보다 90° 느리게 흐른다. 이를 지상전류(Lagging Current)라 부른다. 한편, 커패시터는 전류가 전압보다 90° 빠르게 흐른다. 이를 진상전류(Leading Current)라 부른다. 따라서 이들은 서로 위상차를 가지며 전력으로 유효하게 소비되지 않고 잠시 축적되는 전력으로 무효전력(Reactive Power)이라 한다.

□ 지상과 진상 사이의 위상각 :

$$-90^\circ \leq \theta \leq 90^\circ$$

고로, 역률 $\cos\theta$ 는

$$0 \leq \cos\theta \leq 1$$

저항은 위상차가 없는 동상($\theta = 0^\circ$)이므로

$$\cos 0^\circ = 1$$

즉, 역률이 1이다.

□ 피상전력 P_a

유효전력과 무효전력의 벡터 합으로 나타낸다.

피타고라스 정리를 이용하면

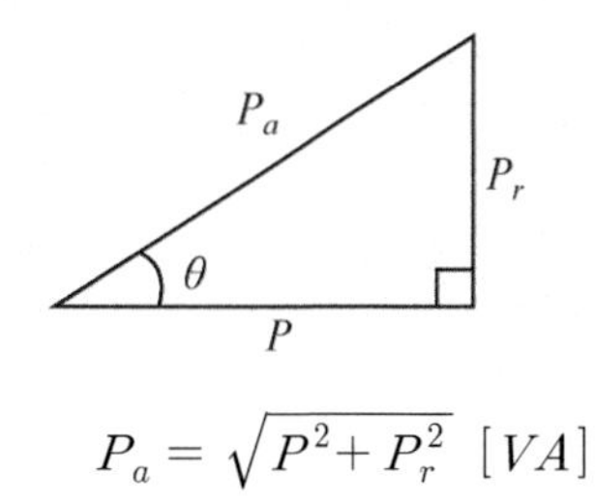

$$P_a = \sqrt{P^2 + P_r^2}\ [VA]$$

여기서 · 피상전력 $P_a = VI\ [VA]$

· 유효전력 $P = VI\cos\theta\ [W]$

· 무효전력 $P_r = VI\sin\theta\ [Var]$

예제 **공급되는 피상전력이 $1000\ [VA]$, 유효전력이 $800\ [W]$일 때, 무효전력은?**

해설 무효전력

$P_a = \sqrt{P^2 + P_r^2}\ [VA]$ or $P_r = \sqrt{P_a^2 - P^2}$ or $P = \sqrt{P_a^2 - P_r^2}$

□ 무효전력 구하기

$$P_r = \sqrt{P_a^2 - P^2}$$
$$= \sqrt{1000_a^2 - 800^2} = 600^2\ [Var]$$

예제 **공급되는 전원의 전압이 $100\ [V]$, 부하의 임피던스가 $10\ [\Omega]$인 회로에서 유효전력이 $80\ [W]$일 때, 무효전력은?**

해설 ★ 생각하기 : 이전 예제와 동일하나 피상전력을 숨기는 대신 조건으로 전압과 임피던스를 알려주었다.

□ $P_a = VI = V\dfrac{V}{Z}\ [VA]$ $\Leftarrow I = \dfrac{V}{Z}$

$$\therefore P_a = 100 \times \frac{100}{10} = 1000\ [VA]$$

□ 나머지 해설 과정은 동일하다.

$$P_r = \sqrt{P_a^2 - P^2}$$
$$= \sqrt{1000_a^2 - 800^2} = 600^2\ [Var]$$

예제 $R-L$ **직렬회로에서 전압** $220\,[V]$**, 전류** $10\,[A]$**가 흐를 때, 전력이** $2000\,[W]$**인 경우 역률은 몇** $[\%]$**인지 구하시오.**

해설 역률

□ 역률 $\cos\theta = \dfrac{P}{VI} = \dfrac{P\,[W]}{P_a\,[VA]}$ $\Leftarrow P_a = VI$

$$\therefore \cos\theta = \frac{2\,[kW]}{220[V]\times 10\,[A]}\times 100\,[\%] = \frac{2000\ [W]}{2200\ [VA]}\times 100\,[\%]$$
$$= 0.90909 \times 100\,[\%] \fallingdotseq 90.91\ [\%]$$

예제 **그림과 같은 회로의 역률은 약 얼마인가?**

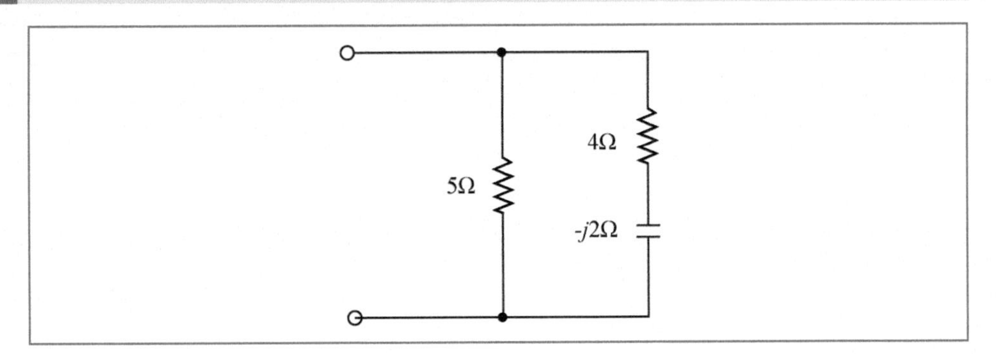

해설 □ 합성 임피던스Z 구하기

- $4\,[\Omega]$, $-j2\ [\Omega]$은 직렬연결이다. 고로 합성시키면 $4-j2\ [\Omega]$이다.
- $5\,[\Omega]$과 $(4-j2)\,[\Omega]$은 병렬연결이다. 합성시키면

$$Z = \frac{5\times(4-j2)}{5+(4-j2)} = \frac{20-j10}{9-j2} = \frac{20-j10\,(9+j2)}{9-j2\,(9+j2)} \Leftarrow \text{컬레복소수}$$

$$\text{유리화 } Z = \frac{20-j10\,(9+j2)}{9-j2\,(9+j2)} = \frac{180+j40-j90-j^2 20}{81-j^2 4}$$

$$= \frac{200-j\,50}{85} = \frac{40}{17} - j\frac{10}{17}$$

$$\therefore\ Z = \sqrt{R^2+X^2} = \sqrt{(\frac{40}{17})^2+(\frac{10}{17})^2}$$

$$= 2.44\ [\Omega]$$

□ 역률 구하기

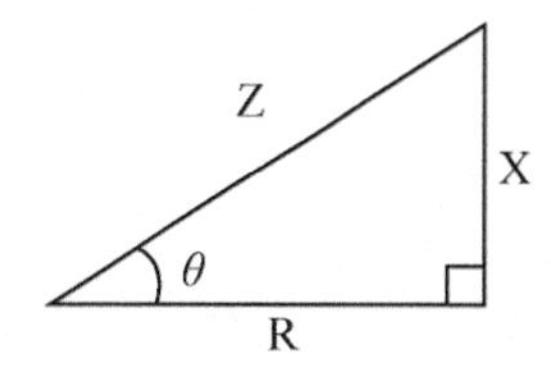

$$\text{역률 } \cos\theta = \frac{R\ (\text{레지스턴스})}{Z\ \ (\text{임피던스})}$$

$$= \frac{\frac{40}{17}}{2.44} = 0.97$$

예제	3상 유도전동기의 출력이 7.5[kW], 전압 200[V], 효율 88[%], 역률 87[%]일 때 이 전동기에 유입되는 상전류는 약 몇 [A]인가?

해설 3상 전력

□ 3상 전력P

$$P = \sqrt{3}\ V_l I_l \times \cos\theta \times \eta\,(\text{효율})$$

$$\therefore\ I_l = \frac{P}{\sqrt{3}\ V_l \times \cos\theta \times \eta}$$

$$= \frac{7.5\times 10^3}{\sqrt{3}\ \times 200 \times 0.88 \times 0.87} = 28.28\ [k\,W]$$

3) 역률 개선

역률을 개선시키기 위한 과정으로 지상(Lagging)인 인덕터의 세기를 상쇄시켜줄 진상(Leading)용 커패시터를 병렬로 설치해 준다. 이때 설치해 줄 커패시터의 용량을 산정하는 공식은 다음과 같다.

$$\begin{aligned} Q_C &= P(\tan\theta_1 - \tan\theta_2) \\ &= P\left(\frac{\sin\theta_1}{\cos\theta_1} - \frac{\sin\theta_2}{\cos\theta_2}\right) \\ &= P\left(\frac{\sqrt{1-\cos\theta_1^2}}{\cos\theta_1} - \frac{\sqrt{1-\cos\theta_2^2}}{\cos\theta_2}\right)[Var] \end{aligned}$$

★ 실수주의 : 문제의 조건에서 난이도 UP을 위해 유효전력이 아닌 피상전력으로 주어지는 경우가 종종 있다. 이 경우 다음의 관계식을 이해한 후 대입하면 다음의 관계식으로 표현할 수 있다.

- 유효전력 = 피상전력×역률

  즉, $P = P_a \cos\theta$

$Q_C = P(\tan\theta_1 - \tan\theta_2)\ [Var] \quad \Leftarrow P = P_a\cos\theta$

$\therefore = P_a(\sin\theta_1 - \sin\theta_2)\ [Var]$

예제 **역률이 80%이고 부하가 1000 $[kW]$일 때, 커패시터를 설치하여 역률을 90 %로 개선시키고자한다. 이 때 커패시터의 용량을 구하시오.**

해설 □ 개선 전 역률 : $\cos\theta_1 = 0.8$ 이므로 피타고라스 정리를 이용하면

$\sin\theta_1 = \sqrt{1-0.8^2} = 0.6$

□ 개선 후 역률 : $\cos\theta_2 = 0.9$ 이므로 피타고라스를 이용하면

$\sin\theta_2 = \sqrt{1-0.9^2} \fallingdotseq 0.436$

□ 커패시터의 용량 :

$$Q_C = P(\tan\theta_1 - \tan\theta_2)$$

$$= P(\frac{\sin\theta_1}{\cos\theta_1} - \frac{\sin\theta_2}{\cos\theta_2})$$

$$= P(\frac{\sqrt{1-\cos\theta_1^2}}{\cos\theta_1} - \frac{\sqrt{1-\cos\theta_2^2}}{\cos\theta_2})[Var]$$

$$\therefore Q_C = 1000(\frac{\sqrt{1-0.8^2}}{0.8} - \frac{\sqrt{1-0.9^2}}{0.9})[kVar]$$

예제 **교류회로에서 전원 220 [V], 저항 8 [Ω], 리액턴스 6 [Ω]일 때, 피상전력, 유효전력, 무효전력을 각각 구하시오.**

해설 □ 임피던스 $Z = \sqrt{R^2+X^2} = \sqrt{8^2+6^2} = 10\,[\Omega]$

□ 전류 $I = \frac{V}{Z} = \frac{220\,[V]}{10\,[\Omega]} = 22\,[A]$

□ 피상전력 $P_a = VI\,[VA] = 220\,[V] \times 22\,[A] = 4840\,[VA]$

□ 유효전력 $P = VI\cos\theta\,[W] = VI\frac{R}{\sqrt{R^2+X^2}}\,[W] \quad \Leftarrow \cos\theta = \frac{R}{Z}$

$$= 4840\,[VA] \times \frac{8\,[\Omega]}{10\,[\Omega]} = 3872\,[W]$$

□ 무효전력 $P_r = VI\sin\theta\,[Var] = VI\frac{X}{\sqrt{R^2+X^2}}\,[Var] \quad \Leftarrow \sin\theta = \frac{X}{Z}$

$$= 4840\,[VA] \times \frac{6\,[\Omega]}{10\,[\Omega]} = 2904\,[Var]$$

예제 **교류회로에서 주파수 60 [Hz], 전원 220 [V], 저항 8 [Ω], 인덕턴스 16 [mH]일 때, 피상전력, 유효전력, 무효전력을 각각 구하시오.**

해설 이전 예제와 동일한 예제

□ 리액턴스(유도성) X_L의 값을 주파수 f와 인덕턴스 L의 조건으로 숨겼다.

$$X_L = 2\pi fL = 2\pi \times 60\,[Hz] \times 16 \times 10^{-3}\,[H] \fallingdotseq 6\,[\Omega]$$

- 임피던스 $Z=\sqrt{R^2+X_L^2}=\sqrt{8^2+6^2}=10\,[\Omega]$
- 나머지 해설과정은 이전과 동일하다.

5.8 3상 교류

1) 단상과 3상의 차이

전기발전 시스템 또는 송배전 시스템에서 단상과 3상으로 구분되며, 가장 널리 사용되고 있다. 가정용 전기제품에는 단상 220 [V]가 주로 사용되고, 발전기, 전기기계 등과 같은 산업용 분야에는 3상이 사용된다.

- 단상

  전기자가 1개의 권선으로 이루어져 1상(Single-Phase)의 정현파형의 전압이 만들어진다. 장점은 시설이 간편해서 설치비용이 저렴하다. 반면 단점은 전력 효율이 80%로 낮고, 전력 용량이 크지 않다.

- 3상

  전기자가 3개의 권선으로 이루어져 3상(Three-Phase)의 정현파형의 전압이 만들어진다. 진폭은 같고 위상은 120°의 위상차를 가진다.
  장점은 전력 효율(90%)이 높고, 전력 용량이 크다. 단점은 시설이 복잡해서 설치비용이 비싸다. 같은 전력을 전송할 경우, 3상 전력선은 단상에 비해 비철 금속을 절약(25 %)할 수 있고, 전송 시간도 짧아서 3상 교류전력이 주로 사용된다.

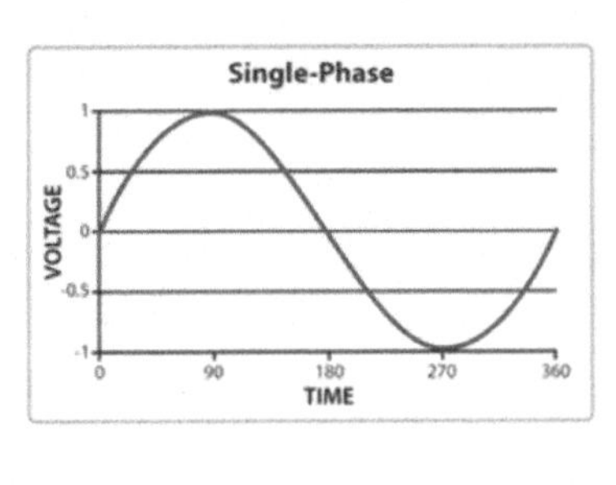

그림. 단상

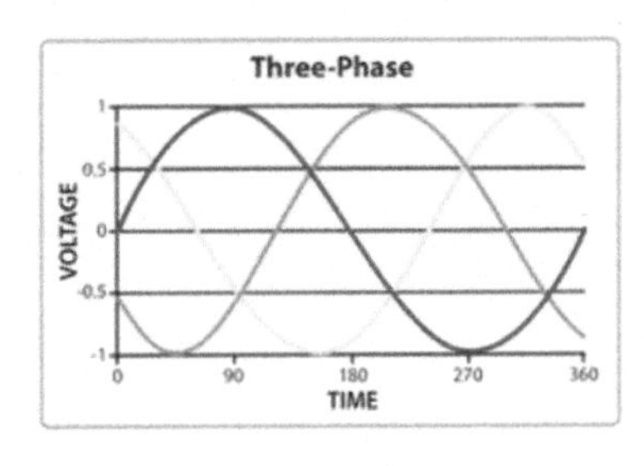

그림. 3상

2) 3상 교류발전기

단상 발전기는 회전자 코일이 1개이고, 3상 발전기는 3개의 회전자 코일이 회전할 때 3개의 기전력 파형이 발생된다.

3상 교류발전기는 자기장 내에서 같은 구조인 3개의 회전자 코일(a, b, c)이 평형하게 $120°$ 의 위상차로 배치된다. 따라서 정현파형으로 만들어지는 전압은 각각 다음과 같이 표현된다.

★ 기전력 :

$$V_a = V_m \sin(wt + 0°) = V\angle 0° = V^{j0°} = V$$

$$V_b = V_m \sin(wt - 120°) = V\angle -120° = V^{j(-120°)} = V(-\frac{1}{2} - j\frac{\sqrt{3}}{2})$$

$$V_c = V_m \sin(wt + 120°) = V\angle 120° = V^{j(120°)} = V(-\frac{1}{2} + j\frac{\sqrt{3}}{2})$$

3) 3상 회로 결선법

3상 발전기의 회로를 3상 부하에 접속하는 결선 방법으로 △ 결선법, Y 결선법이 주로 이용된다. 한편, △ 결선법에는 1상의 사고 시 2상만을 사용하는 V 결선법이 있다.

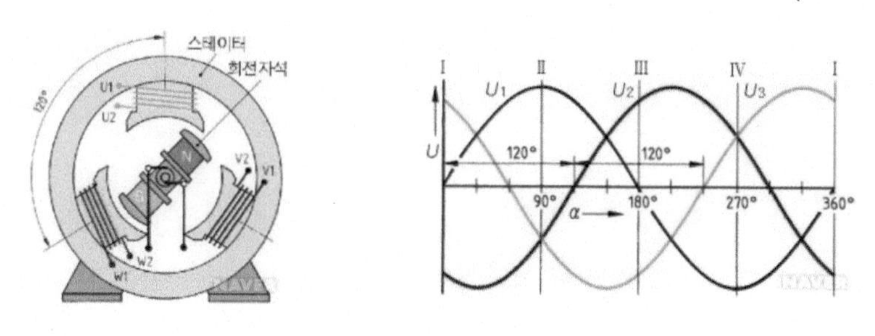

그림. 3상 발전기 & 위상(참고 : 네이버)

(1) Y 결선법

Y 결선은 (Y-Connection) 3상 교류회로에서 3상 변압기의 3상 권선이 3상 선로와 중성선에 Y 자로 연결되는 방식이다. 3개의 전원선이 인출되고, 중성점을 접지할 수 중성선이 하나 더 있어서 3상 4선식이라고도 불린다. 중성선과 각각의 3상 선로 사이의 전압을 상전압이라고 하며 상전압 V_l 380 [V]에 대한 상전압 V_p은 220 [V]가 발생된다. 따라서 Y 결선은 단상과 3상 전기기기의 전원으로 공급할 수 있다.

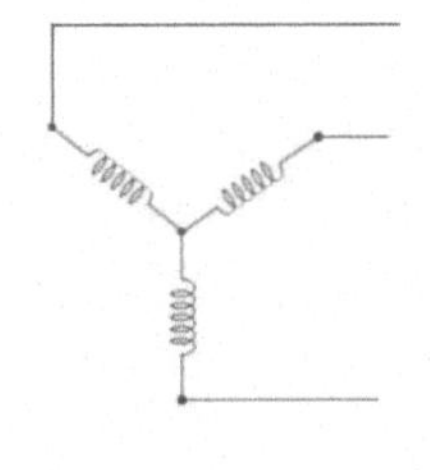

그림. Y 결선단자 & 회로도

상전압 V_l의 크기는 상전압 V_p(단자전압)의 $\sqrt{3}$ 배이다. 위상은 30° ($\frac{6}{\pi}$) 앞선(진상)다.

$$V_l = \sqrt{3}\, V_p \angle -30°$$

선전류 I_l는 상전류 I_p(단자전류)와 같다.

$$I_p = I_l$$

★ 장점

① 중성점 접지가 가능하여 이상전압을 방지할 수 있다.

② 상전압은 상전압의 $\sqrt{3}$ 배이다. 고로, 고전압에 유리하다.

③ 상전압이 상전압의 $\frac{1}{\sqrt{3}}$ 배이므로 절연이 용이하다.

④ 단상과 3상 전기기기에 전원을 공급할 수 있다.

⑤ 전력 손실이 적다.

★ 단점

① 1상 사고 시 전원 공급 불가능하다.

② 중성선이 없으면 사용할 수 없다.

예제 Y 결선에서 각 상(단자)에 임피던스는 $Z=3+j4$으로 모두 같고, 부하의 전류가 20 $[A]$인 경우, 부하의 상전압 V_l을 구하시오.

해설 ★ 생각하기 : 상에 대한 조건이 주어졌으므로 먼저 상전압을 구한 후, 상전압을 상전압으로 환산한다.

□ 상전압 V_p 구하기

$V_p = I_p \cdot Z \qquad \Leftarrow Z = \sqrt{R^2+X^2},\ I_l = I_p$

$= 20\,[A] \times \sqrt{3^2+4^2}\,[\Omega] = 100\,[V]$

□ 상전압 V_l 구하기

Y 결선에서 $V_l = \sqrt{3}\,V_p$이므로

$V_l = \sqrt{3} \times 100\,[V] \fallingdotseq 173.2\,[V]$

(2) △ 결선법

△ 결선은 (△ –Connection) 3상 교류회로에서 3상 변압기의 3상 권선을 △ 형태로 서로 연결시킨 방식이다.

★ △ 결선은 1상의 사고 시 2상으로 연결된 V 결선법으로 전원을 공급할 수 있다.

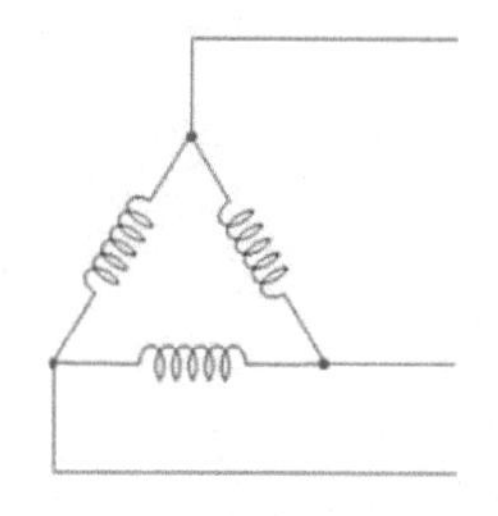

그림. △ 결선단자 & 회로도

각 상의 단자전압(상전압 V_p)의 크기는 상전압 V_l과 같다.

$V_p = V_l$

각 상의 단자전류(상전류 I_p)의 크기는 선전류 I_l의 $\frac{1}{\sqrt{3}}$배이다. 위상은 30°($\frac{6}{\pi}$) 앞선다.

$$I_p = \frac{1}{\sqrt{3}} I_l \angle -30°$$

★ 장점

① 중성선이 없어서 비용이 저렴하다.

★ 단점

① 중성선이 없어서 단상 전기기기에는 전원공급이 불가능하고 3상에만 전원공급이 가능하다.

② 전력 손실이 크다.

예제	**3상 교류 전원과 부하가 모두 △ 결선된 3상평형 회로에서 전원 전압이 200[V], 부하 임피던스가 6+j8[Ω]인 경우 상전류의 크기 [A]는?**

해설 △ 결선

상에 대한 임피던스와 전압($V_l = V_p$)이 조건으로 주어졌기 때문에 먼저 상전류를 구한다.

다음으로 상전류를 상전류로 환산해준다.

△ 결선에서는 상전압과 상전압이 같다.

▫ 임피던스 구하기

$$Z = \sqrt{R^2 + X^2} = \sqrt{6^2 + 8^2} = 10\,[\Omega]$$

▫ △ 결선의 상전류I_p 구하기

$$I_p = \frac{V_p}{Z} = \frac{200\,[V]}{\sqrt{6^2 + 8^2}\,[\Omega]} = 20\,[A]$$

▫ △ 결선에서 상전류I_p 구하기

△ 결선에서는 상전류가 상전류의 $\sqrt{3}$배이다.

$$I_l = \sqrt{3}\,I_p = \sqrt{3} \times 20 = 20\sqrt{3}\ [A]$$

(3) 등가변환

△ 결선은 상전압과 상전압이 서로 같고, 상전류는 상전류의 $\sqrt{3}$ 배이다.

즉, $V_p = V_l$

$$I_p = \frac{1}{\sqrt{3}} I_l \angle -30°$$

Y 결선은 상전압이 상전압의 $\sqrt{3}$ 배이고, 상전류와 상전류는 서로 같다.

즉, $V_l = \sqrt{3}\, V_p \angle -30°$

$$I_p = I_l$$

위의 두 결선방식을 이용하여 $\Delta - Y$, $Y - \Delta$ 등가회로로 변환시킬 수 있다.

□ $\Delta - Y$ 등가변환

△ 결선을 Y결선으로 임피던스를 변환하여 등가시키는 과정에 대해 살펴본다.

△ 결선에서 a, b상 사이의 임피던스Z_{ab}, b, c상 사이의 임피던스Z_{bc}, c, a상 사이의 임피던스 Z_{ca}를 Y 결선의 각 단자의 임피던스Z_a, Z_b, Z_c로 변환하면 다음과 같이 관계식을 정리할 수 있다.

$$Z_a = \frac{Z_{ab} \times Z_{ac}}{Z_{ab} + Z_{bc} + Z_{ca}} \ [\Omega]$$

$$Z_b = \frac{Z_{ab} \times Z_{bc}}{Z_{ab} + Z_{bc} + Z_{ca}} \ [\Omega]$$

$$Z_c = \frac{Z_{ca} \times Z_{bc}}{Z_{ab} + Z_{bc} + Z_{ca}} \ [\Omega]$$

□ $Y - \Delta$ 등가변환

Y 결선을 △결선으로 임피던스를 변환하여 등가시키는 과정에 대해 살펴본다.

Y 결선의 각 단자의 임피던스 Z_a, Z_b, Z_c를 △ 결선에서 a, b상 사이의 임피던스 Z_{ab}, b, c상 사이의 임피던스 Z_{bc}, c, a상 사이의 임피던스 Z_{ca}로 변환하면 다음과 같이 관계식을 정리할 수 있다.

$$Z_{ab} = \frac{Z_a Z_b + Z_b Z_c + Z_c Z_a}{Z_c}\ [\Omega]$$

$$Z_{bc} = \frac{Z_a Z_b + Z_b Z_c + Z_c Z_a}{Z_a}\ [\Omega]$$

$$Z_{ca} = \frac{Z_a Z_b + Z_b Z_c + Z_c Z_a}{Z_b}\ [\Omega]$$

예제 **△ 결선의 1상(단자)의 저항이 R일 때, 이를 Y 결선의 회로로 등가변환시키고자 한다. 이때 저항의 비율 관계를 구하시오.**

해설 $\triangle - Y$ 등가변환

□ △ 결선의 1상(단자)의 저항 $R_{\triangle p}$ 구하기

$$R_{\triangle p} = \frac{V_p}{I_p} \qquad \Leftarrow \triangle\text{결선}: \ V_l = V_p, \ I_l = \sqrt{3}\, I_p$$

$$= \frac{V_l}{\frac{I_l}{\sqrt{3}}} = \frac{\sqrt{3}\, V_l}{I_l}$$

□ Y 결선의 1상(단자)의 저항 R_{Yp} 구하기

$$R_{Yp} = \frac{V_p}{I_p} \qquad \Leftarrow Y\text{결선}: \ V_l = \sqrt{3}\, V_p, \ I_l = I_p$$

$$= \frac{\frac{V_l}{\sqrt{3}}}{I_l} = \frac{V_l}{\sqrt{3}\, I_l}$$

□ 저항비

$$\frac{R_{\triangle p}}{R_{Yp}} = \frac{\frac{\sqrt{3}\, V_l}{I_l}}{\frac{V_l}{\sqrt{3}\, I_l}} = 3 \text{ 배} \quad \text{또는} \quad \frac{R_{Yp}}{R_{\triangle p}} = \frac{\frac{V_l}{\sqrt{3}\, I_l}}{\frac{\sqrt{3}\, V_l}{I_l}} = \frac{1}{3} \text{ 배}$$

고로, △ 결선을 Y 결선의 회로로 등가변환시키면 저항을 $\frac{1}{3}$배로 줄일 수 있다.

즉, 전류는 3배 커진다.

(4) 전동기의 $Y-\triangle$ 결선

★ Y 결선으로 기동하고 $\triangle$ 결선으로 운전한다.

전동기의 기동 시 큰 전류를 사용하므로 전동기 내의 코일에 과부하를 줄이기 위해서 $Y-\triangle$ 결선을 사용한다. 전동기를 서서히 기동시키기 위해 처음에는 전류를 감소시켜 전압이 약하게 걸리도록 하는 Y 결선으로 기동하고, 운전 시에는 $\triangle$ 결선을 사용한다.

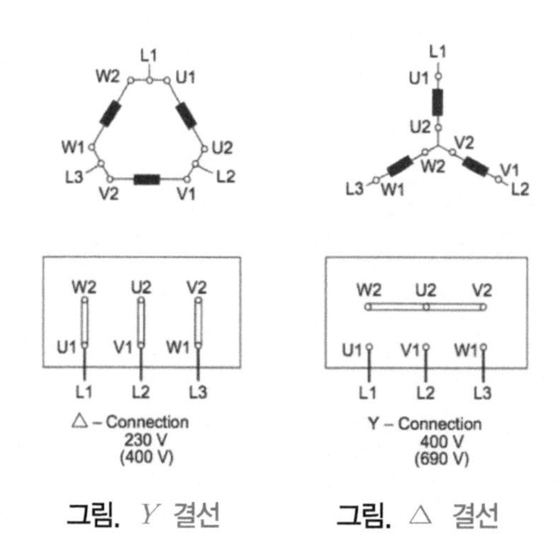

그림. Y 결선 그림. $\triangle$ 결선

예제 $\triangle$ 결선의 1상(단자)의 저항이 $3\,[\Omega]$일 때, Y 결선의 회로로 등가변환시키고자 한다. 이때 단자의 저항값은?

해설 $\dfrac{R_{Yp}}{R_{\triangle p}} = \dfrac{\dfrac{V_p}{I_p}}{\dfrac{V_p}{I_p}} = \dfrac{\dfrac{V_l/\sqrt{3}}{I_l}}{\dfrac{V_l}{I_l/\sqrt{3}}} = \dfrac{\dfrac{V_l}{\sqrt{3}\,I_l}}{\dfrac{\sqrt{3}\,V_l}{I_l}} = \dfrac{1}{3}$배이므로

$$\frac{R_{Yp}}{R_{\triangle p}} = \frac{1\,[\Omega]}{3\,[\Omega]}$$

고로, $R_{Yp} = 1\,[\Omega]$

예제 아래 Y 결선 회로와 $\triangle$ 결선 회로의 선간 저항값 R_{Yl}, $R_{\triangle l}$을 각각 구하시오.

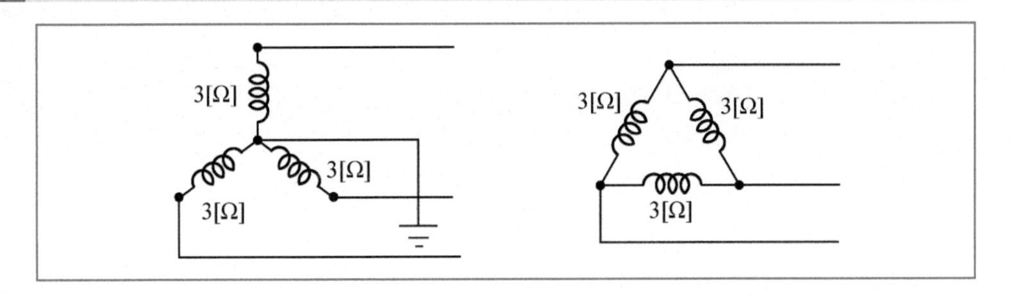

해설 Y 결선은 선간 저항이 직렬 접속이고, $\triangle$ 결선은 선간 저항이 직병렬 접속이다.

□ Y 결선 회로의 선간 저항값 $R_{Yl} = ?$

$$R_{Yl} = 3\,[\Omega] + 3\,[\Omega] = 6\,[\Omega]$$

□ $\triangle$ 결선 회로의 선간 저항값 $R_{\triangle l} = ?$

$$R_{\triangle l} = \frac{(3+3)\,[\Omega] \times 3\,[\Omega]}{(3+3)\,[\Omega] + 3\,[\Omega]} = 2\,[\Omega]$$

예제 그림 (a)의 Y 결선 회로를 그림 (b)의 $\triangle$ 결선 회로로 등가 변환할 때, R_{ab}, R_{bc}, R_{ca}는 각각 몇 $[\Omega]$ 인가? (단, $R_a = 2\,[\Omega]$, $R_b = 3\,[\Omega]$, $R_c = 4\,[\Omega]$)

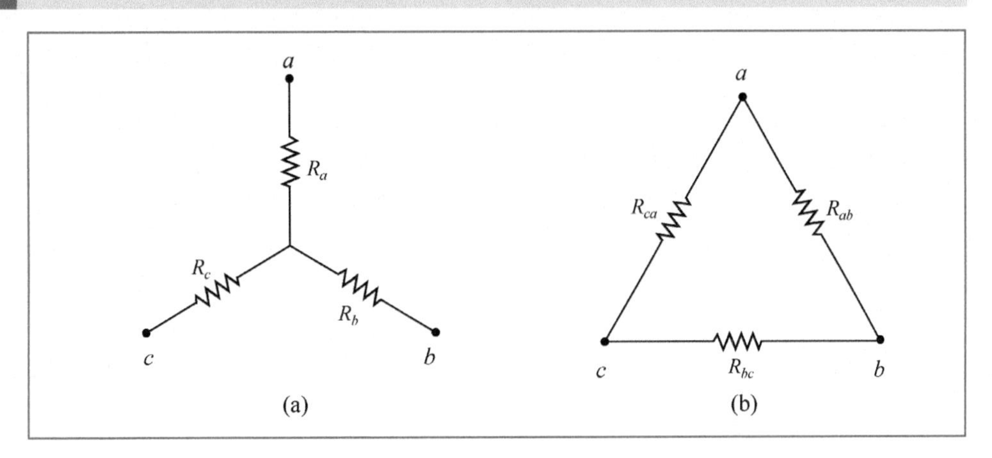

(a) (b)

해설 Y 결선에서 $\triangle$ 결선으로 등가변환 시 저항값은?

$$R_{ab} = \frac{R_aR_b + R_bR_c + R_cR_a}{R_c} = \frac{6+12+8}{4} = \frac{13}{2}\,[\Omega]$$

$$R_{bc} = \frac{R_aR_b + R_bR_c + R_cR_a}{R_a} = \frac{6+12+8}{2} = 13\,[\Omega]$$

$$R_{ca} = \frac{R_aR_b + R_bR_c + R_cR_a}{R_b} = \frac{6+12+8}{3} = \frac{26}{3}\,[\Omega]$$

(5) V 결선

V 결선은 $\triangle$ 결선에서 1상의 사고 시 2상으로만 연결하는 방식이다. 즉, 단상변압기 3대로 $\triangle$ 결선을 구성하여 사용하던 도중에 단상변압기 1대에 고장이 발생했을 때 2대의 변압기로만 전원을 공급할 수 있는 결선방식을 말한다.

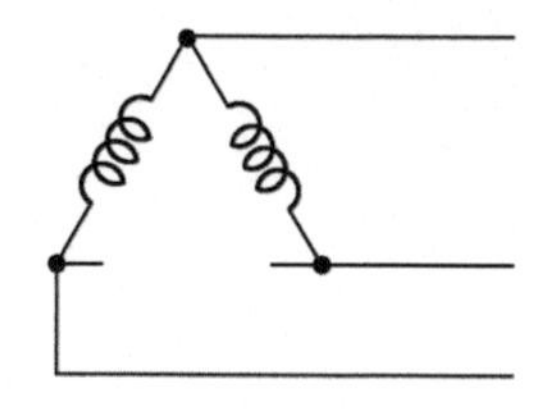

그림. V 결선도

V 결선은 상전압과 상전압이 같고, 상전류와 상전류도 같다.

$$V_p = V_l\,,\ \ I_p = I_l\,,$$

★ V 결선의 전력

V 결선과 $\triangle$ 결선의 관계식은 단상전력 P_1 에 대하여 다음과 같다.

$$P_\triangle = 3V_pI_p = 3P_1 \qquad \Leftarrow P_1 = V_pI_p$$

$$P_V = \sqrt{3}\,V_pI_p = \sqrt{3}\,P_1$$

★V 결선의 출력률과 이용률

V 결선의 전력과 관련한 출력률과 이용률에 관한 문제는 자주 출제되는 영역이므로 이해를 통해 반드시 자기 것으로 만들기 바란다.

단상과 V 결선, △ 결선의 전력비 관계는

$P_1 : P_V : P_\triangle = 1 : \sqrt{3} : 3$

즉, $3P_1 = \sqrt{3}\,P_V = P_\triangle$

☆ 출력률 : △ 결선에 대한 V 결선의 출력비

$$\frac{P_V}{P_\triangle} \times 100\ [\%] = \frac{\sqrt{3}\,P_1}{3\,P_1} \times 100\ [\%] = 57.7\ [\%]$$

☆ 이용률 : 2상에 대한 V 결선의 이용률

$$\frac{P_V}{2\,P_1} \times 100\ [\%] = \frac{\sqrt{3}\,P_1}{2\,P_1} \times 100\ [\%] = 86.6\ [\%]$$

예제 **단상 변압기 3대를 연결하여 △ 결선으로 운전 중, 변압기 1대의 고장으로 V 결선으로 2대로 운영하였다. 변압기의 출력률과 이용률을 구하시오.**

해설

- 출력률 $\dfrac{P_V}{P_\triangle} \times 100\ [\%] = \dfrac{\sqrt{3}\,P_1}{3\,P_1} \times 100\ [\%] = 57.7\ [\%]$
- 이용률 $\dfrac{P_V}{2\,P_1} \times 100\ [\%] = \dfrac{\sqrt{3}\,P_1}{2\,P_1} \times 100\ [\%] = 86.6\ [\%]$

예제 **1대의 용량이 7[kVA]인 변압기 2대를 가지고 V 결선으로 구성하면 3상 평형부하에 약 몇 [kVA]의 전력을 공급할 수 있는가?**

해설 V 결선의 전력은 단상 전력의 $\sqrt{3}$ 배이다.

$P_V = \sqrt{3}\, V_p I_p = \sqrt{3}\, P_1$

$\therefore = \sqrt{3} \times 7 = 12.12\ [kVA]$

4) 3상 전력

3상 전력은 3개의 각 상(단상) a, b, c에 대한 전력을 구한 후 합친다.

- 피상전력 $P_a = V_a I_a + V_b I_b + V_c I_c \ \ [VA]$
- 유효전력 $P = V_a I_a \cos\theta_a + V_b I_b \cos\theta_b + V_c I_c \cos\theta_c \ \ [W]$
- 무효전력 $P_r = V_a I_a \sin\theta_a + V_b I_b \sin\theta_b + V_c I_c \sin\theta_c \ \ [Var]$

□ 평형 3상인 경우

- 피상전력 $P_a = 3 V_p I_p = \sqrt{3}\, V_l I_l\ [VA] \qquad \Leftarrow V_l = \sqrt{3}\, V_p$
- 유효전력 $P = 3 V_p I_p \cos\theta = \sqrt{3}\, V_l I_l \cos\theta\ [W]$
- 무효전력 $P_r = 3 V_p I_p \sin\theta = \sqrt{3}\, V_l I_l \sin\theta\ \ [Var]$

3상 전력은 주로 산업용으로 사용되며, 가정용 전력보다 효율적이고 안정적이다.

예제 **평형 3상 △ 부하에서 상전압 200 $[V]$, 1상의 임피던스가 $4+j3$ $[\Omega]$일 때, 3상 전력은?**

해설 유효전력 $P=3V_pI_p\cos\theta = \sqrt{3}\,V_lI_l\cos\theta\ [W]$

- 상전류 $I_p=?$ 구하기

  △ 결선에서 $V_p = V_l$이므로

$$I_p = \frac{V_p}{Z_p} = \frac{200\,[V]}{\sqrt{4^2+3^2}\,[ohm]} = 40\ [A]$$

- 역률 $\cos\theta = ?$ 구하기

$$\cos\theta = \frac{R}{Z} = \frac{4}{5} = 0.8$$

- 3상 전력 $P=?$

$$P = 3V_pI_p\cos\theta = 3\times200\times40\times0.8 = 19.2\ [kW]$$

예제 **그림과 같은 부하에 상전압이 V_{ab} = 100∠30°(V)인 평형 3상 전압을 가했을 때 상전류 $I_a\,[A]$는?**

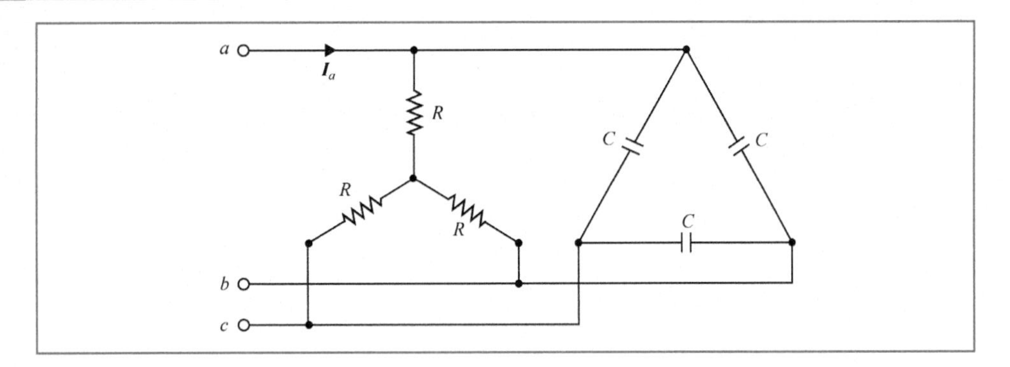

해설 옴의 법칙, 용량성 리액턴스

- 회로 해석 : 저항으로 Y 결선, 콘덴서로 △ 결선

$$I=\frac{V}{R},\quad X_C=\frac{1}{j\omega C}=-j\frac{1}{2\pi fC}$$

- Y 결선 : $V_l=\sqrt{3}\,V_p,\ I_l=I_p$
- △ 결선 : $V_l=V_p,\ I_l=\sqrt{3}\,I_p$

□ Y 결선에서 저항이 상에 위치하므로 문제 조건에서 주어진 상전압 V_{ab}값을 상전압 V_p으로 변환시켜야 한다.

즉, $V_p = \frac{100}{\sqrt{3}}$

고로, $I_p = \frac{V_p}{R} = \frac{\frac{100}{\sqrt{3}}}{R} = \frac{100}{\sqrt{3}\,R} = I_l \quad \Leftarrow \frac{V_p}{R} = \frac{V_l}{R}$

$\therefore\ I_l = I_p = \frac{100}{\sqrt{3}\,R}$

□ △ 결선에서 $V_l = V_p$, $I_l = \sqrt{3}\,I_p$ 이므로 상전류는

즉, $V_p = 100$

고로, $I_p = \frac{V_p}{X_C} = \frac{100}{\frac{1}{j\omega C}} = 100 \times j\omega C \quad \Leftarrow I_l = \sqrt{3}\,I_p$

$\therefore\ I_l = \sqrt{3}\,I_p = \sqrt{3}\,100 \times j\omega C$

따라서 $I_{Yl} + I_{\triangle l} = \frac{100}{\sqrt{3}\,R} + \sqrt{3}\,100 \times j\omega C$

$= \frac{100}{\sqrt{3}}(\frac{1}{R} + j3\omega C)$

5) 2 전력계법

불평형 3상 회로에서 단상 전력계 2개를 사용하여 단상교류 전력을 각각 측정한 후, 이들 전력을 더해서 3상 회로의 전력을 측정하는 방법이다. 각 전력계의 전력은 전압과 전류를 각각 측정한 후 곱해서 전력값을 구한다.

★ 유효전력 $P = W_1 + W_2\ [W]$

★ 무효전력 $P_r = \sqrt{3}\,(W_1 - W_2)\ [Var]$

여기서 W: 측정한 전력값

★ 유효전력 $P = \sqrt{3}\,V_l I_l \cos\theta$

고로, 역률 $\cos\theta = \frac{P}{\sqrt{3}\,V_l I_l} = \frac{W_1 + W_2}{\sqrt{3}\,V_l I_l}$

□ 피상전력은

$$P_a = \sqrt{P^2 + P_r^2} \quad [VA]$$
$$= \sqrt{(W_1 + W_2)^2 + [\sqrt{3}(W_1 - W_2)]^2} \quad [VA]$$
$$= \sqrt{4W_1^2 + 4W_2^2 - 4W_1W_2} \quad [VA]$$
$$= 2\sqrt{W_1^2 + W_2^2 - W_1W_2} \quad [VA]$$

고로, 역률 $\cos\theta = \dfrac{P}{P_a} = \dfrac{W_1 + W_2}{2\sqrt{W_1^2 + W_2^2 - W_1W_2}}$

★ 생각해보기

- $W_1 = W_2$인 주파수가 같을 때, 역률 $\cos\theta = 1$
- $W_1 = 2W_2$의 주파수인 경우, 역률 $\cos\theta = 0.866$

예제 **다음의 평형 3상 유도전동기에서 전력계 W_1, W_2 2개와 전압계 V, 전류계 A를 접속하였다. (단, 지시값으로 $W_1 = 2.9[kW]$, $W_2 = 6[kW]$, $V = 200[V]$, $I = 30[A]$)**

(1) 이 유도전동기의 역률[%]은?
(2) 역률을 $90[\%]$로 개선시키려고 할 때 필요한 전력용콘덴서의 용량$[kVA]$은?

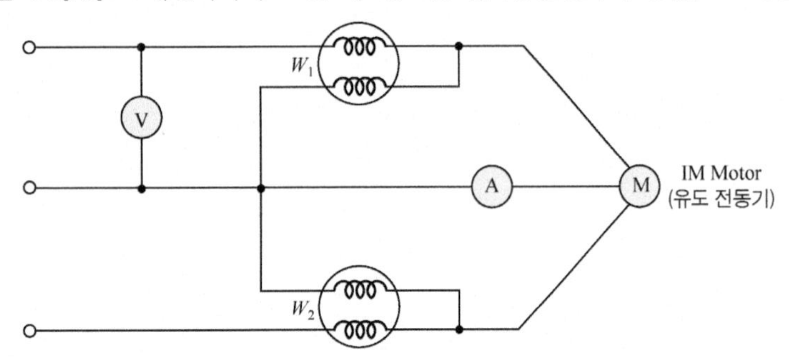

해설2 전력계법

(1) 이 유도전동기의 역률[%]은?

□ 방법 1 : 역률 $\cos\theta = \frac{P}{P_a} = \frac{W_1 + W_2}{\sqrt{3}\,VI} \times 100[\%]$

$= \frac{(2.9+6)\times 10^3}{\sqrt{3}\times 200 \times 30} \times 100[\%]$

$= 85.576[\%]$

□ 방법 2 : 역률 $\cos\theta = \frac{P}{P_a} = \frac{W_1 + W_2}{2\sqrt{W_1^2 + W_2^2 - W_1 W_2}} \times 100[\%]$

$= \frac{2.9+6}{2\sqrt{2.9^2+6^2-2.9\times 6}} \times 100[\%]$

$= 85.624[\%]$

(2) 역률을 90[%]로 개선시키려고 할 때 필요한 전력용콘덴서의 용량[kVA]은?

콘덴서 용량 $Q = P(\tan\theta_1 - \tan\theta_2)$

$= (2.9+6)\times(\frac{\sqrt{1-0.856^2}}{0.856} - \frac{\sqrt{1-9^2}}{0.9})$ $\Leftarrow 0.9 = 90[\%]$

$= 1.06[kVA]$

연·습·문·제

01 **다음 중 교류의 장점이 아닌 것은?**

① 교류는 전력공급에 유리하다. 이는 직류에 비해 전압강하, 전력손실이 적기 때문이다.

② 변압기를 이용하여 전압을 높이는 승압 및 낮추는 감압하기가 쉽다.

③ 회로 차단이 용이하다.

④ 시간의 변화에도 항상 일정한 크기를 가진다.

정답 ④

02 **주기와 주파수의 관계는?**

정답 반비례

03 **정현파가 한 파장을 나타내는 데 걸리는 시간을 무엇이라 하는가?**

① 주기 ② 주파수

③ 정현파 ④ 각속도

정답 ①

04 **초당 반복되는 정현파의 사이클 수를 무엇이라 하는가?**

① 주기 ② 주파수

③ 정현파 ④ 각속도

정답 ②

05 동일한 주파수의 두 정현파 사이에서 위상의 각도가 다른 차이를 무엇이라 하는가?

① 위상각　　② 위상차
③ 정현파　　④ 각속도

정답 ②

06 cos 은 sin 의 위상차는?

① cos 은 sin보다 위상이 90° 앞선다(진상).
② cos 은 sin보다 위상이 90° 뒤진다(진상).
③ cos 은 sin보다 위상이 90° 앞선다(지상).
④ cos 은 sin보다 위상이 90° 뒤선다(지상).

정답 ①

07 1초 동안에 회전하는 수를 무엇이라 하는가?

① 회전각　　② 위상차
③ 각속도　　④ 회전속도

정답 ③

08 R=10[Ω], ωL=20[Ω]인 직렬회로에 220∠0° [V]의 교류 전압을 가하는 경우 이 회로에 흐르는 전류[A]?

① $24.5\angle -26.5°$　　② $9.8\angle -63.4°$
③ $12.2\angle -13.2°$　　④ $73.6\angle -79.6°$

정답 ②

09 회로에 v(t)=150sinωt[V]의 전압을 인가하였더니 I(t)=12sin(ωt−30°)[A]의 전류가 흘렀다. 이때 소비전력[W]?

① 390　② 450
③ 780　④ 900

정답 ③

10 직렬회로에서 R = 4[Ω], X_C = 9[Ω], 전원 전압 e(t)를 인가할 때, 제3 고조파 전류의 실효값의 크기[A]? (단, $e(t) = 50 + 10\sqrt{2}\,sin\omega t + 120\sqrt{2}\,sin3\omega t[V]$)

정답 24[A]

11 교류 회로에서 부하의 역률을 측정할 때 필요한 계측기는?

① 전압계, 전력계, 저항계　② 저항계, 전력계, 전류계
③ 전압계, 전류계, 전력계　④ 전류계, 전압계, 주파수계

정답 ③

12 평형 3상 회로에서 상전압과 전류의 실효값이 각각 28.87[V], 10[A]이고, 역률이 80[%]일 때, 무효전력[var]?

① 400　② 300
③ 231　④ 173

정답 ②

13 다음 회로에서 합성저항[Ω]을 구하시오. (단, R_1=3Ω, R_2=9Ω이다.)

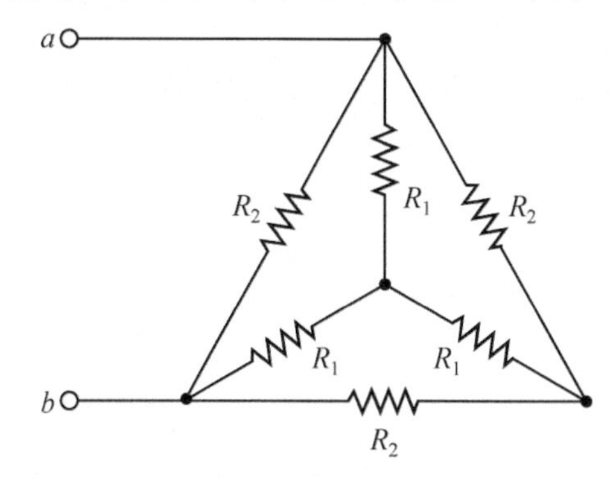

정답 3[Ω]

14 교류전압 200[V], 전류 30[A]가 흐르는 회로에 부하의 유효전력이 4.8[KW]일 때, 이 부하의 리액턴스[Ω]는?

① 6.6 ② 5.3
③ 4.0 ④ 3.3

정답 ③

15 정전용량이 $0.02[\mu F]$인 커패시터 2개와 정전용량이 $0.01[\mu F]$ 커패시터 1개를 모두 병렬로 접속하여 24[V]의 전압을 가하였다. 이 병렬회로의 합성 정전용량$[\mu F]$과 $0.01[]\mu F]$의 커패시터에 축적되는 전하량[C]을 각각 구하시오.

① 0.05, 0.12×10^{-6} ② 0.05, 0.24×10^{-6}
③ 0.03, 0.12×10^{-6} ④ 0.03, 0.24×10^{-6}

정답 ②

16 LC 직렬회로에서 직류전압 E를 t=0[s]에 인가했을 때, 흐르는 전류 I(t)는?

① $\dfrac{E}{\sqrt{L/C}}cos\dfrac{1}{\sqrt{LC}}t$

② $\dfrac{E}{\sqrt{L/C}}sin\dfrac{1}{\sqrt{LC}}t$

③ $\dfrac{E}{\sqrt{C/L}}cos\dfrac{1}{\sqrt{LC}}t$

④ $\dfrac{E}{\sqrt{C/L}}sin\dfrac{1}{\sqrt{LC}}t$

정답 ②

17 저항 R_1[Ω], 저항 R_2[Ω], 인덕턴스 L[H]의 직렬회로가 있다. 이 회로의 시정수[s]는?

① $-\dfrac{R_1+R_2}{L}$

② $\dfrac{R_1+R_2}{L}$

③ $-\dfrac{L}{R_1+R_2}$

④ $\dfrac{L}{R_1+R_2}$

정답 ④

18 다음 회로에 평형 3상 전압 200[V]를 인가한 경우, 소비되는 유효전력[kW]은? (단, R = 20[Ω], X = 10[Ω])

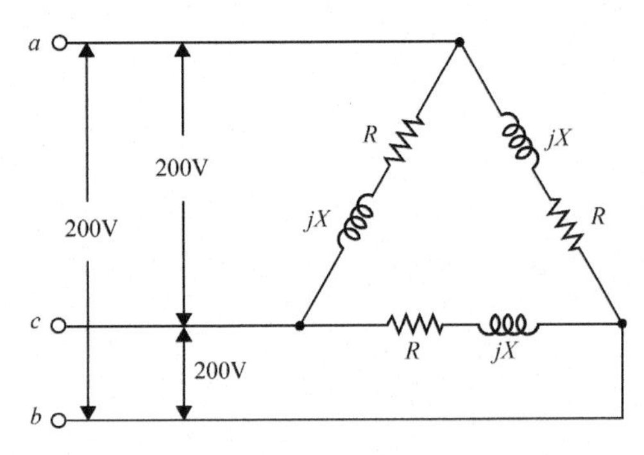

① 1.6

② 2.4

③ 2.8

④ 4.8

정답 ④

19 정현파 교류전압의 최댓값이 Vm[V], 평균값이 Vav[V]일 때, 이 전압의 실효값Vrms은?

① $V_r = \frac{\pi}{\sqrt{2}} V_m$

② $V_r = \frac{\pi}{\sqrt{2}} V_{av}$

③ $V_r = \frac{\pi}{2\sqrt{2}} V_m$

④ $V_r = \frac{\pi}{2\sqrt{2}} V_{av}$

정답 ④

20 각 상의 임피던스가 Z=6+j8[Ω]인 △결선이 평형 3상 부하에 상전압이 220[V]인 대칭 3상 전압을 가했을 때, 이 부하의 상전류의 크기[A]는?

① 13

② 22

③ 38

④ 66

정답 ③

21 단상 반파 정류회로를 통해 평균 26[V]의 직류 전압을 출력하는 경우, 정류 다이오드에 인가되는 역방향 최대 전압은 약 몇 [V]인가? (단, 직류 측에 평활회로가 없고, 다이오드의 순방향 전압은 무시)

① 26

② 37

③ 58

④ 82

정답 ④

22 50[Hz]의 주파수에서 인덕터의 유도성 리액턴스가 4[Ω], 커패시터의 용량성 리액턴스가 1[Ω]과 4[Ω]이 모두 직렬회로로 연결되어 있다. 이 회로에 교류전압 100[V], 50[Hz]을 인가했을 때, 무효전력[var]은?

① 1000

② 1200

③ 1400

④ 1600

정답 ②

23 회로에서 전압계 ⓥ가 지시하는 전압[V]은?

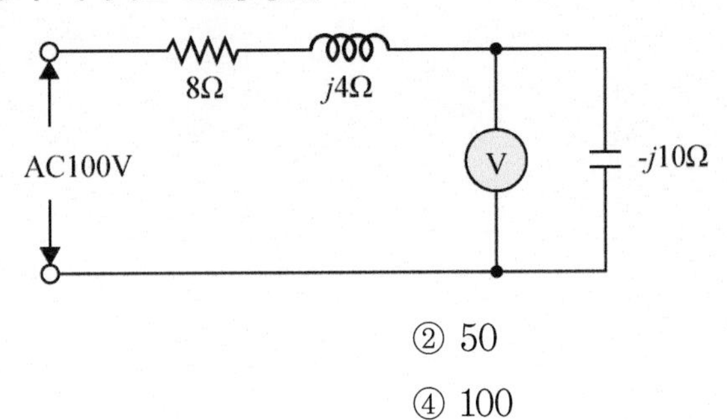

① 10
② 50
③ 80
④ 100

정답 ④

24 그림과 같은 회로에서 단자 a, b 사이에 주파수 f(Hz)의 정현파 전압을 가했을 때 전류계 A_1, A_2의 값이 같았다. 이 경우 f, L, C 사이의 관계로 옳은 것은?

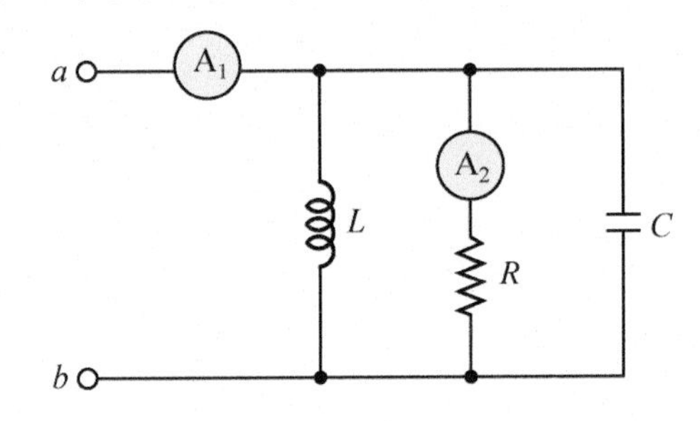

① $f = \dfrac{1}{LC}$
② $f = \dfrac{1}{2\pi\sqrt{LC}}$
③ $f = \dfrac{1}{4\pi\sqrt{LC}}$
④ $f = \dfrac{1}{\sqrt{2\pi^2 LC}}$

정답 ②

25 다음 회로에서 전류 I[A]는?

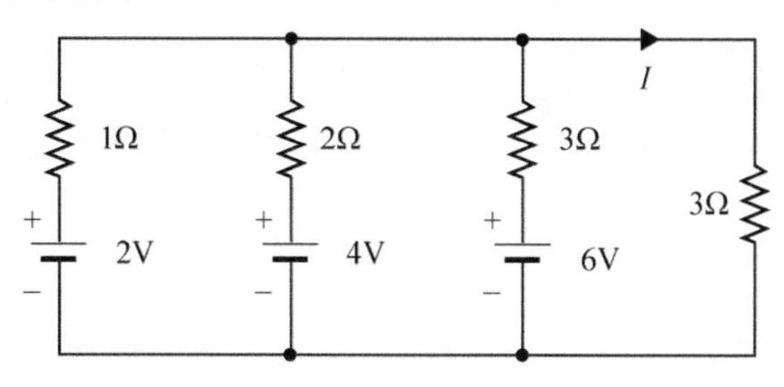

① 0.92　② 1.125

③ 1.29　④ 1.38

정답 ①

26 그림의 회로에서 a와 c 사이의 합성저항은?

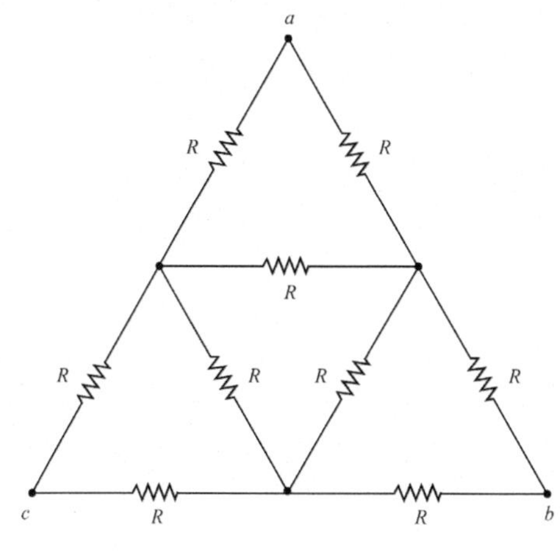

① $\frac{9}{10}R$　② $\frac{10}{9}R$

③ $\frac{7}{10}R$　④ $\frac{10}{7}R$

정답 ②

CHAPTER 06

자동제어

6.1 제어

시스템이 원하는 상태로 작동하도록 만들기 위해 순서와 프로그램 혹은 기구가 맡은 역할과 동작을 조절하는 일련의 과정을 의미한다.

제어에는 사람이 직접 수동으로 조작하는 수동제어와 시스템의 목적에 따라 자동으로 제어하는 자동제어(Automatic Control)로 구분된다.

1) 자동제어의 기법

자동제어의 기법에는 개회로 제어계(Open Loop Control System)와 폐회로 제어계(Close Loop Control System)로 크게 나눈다.

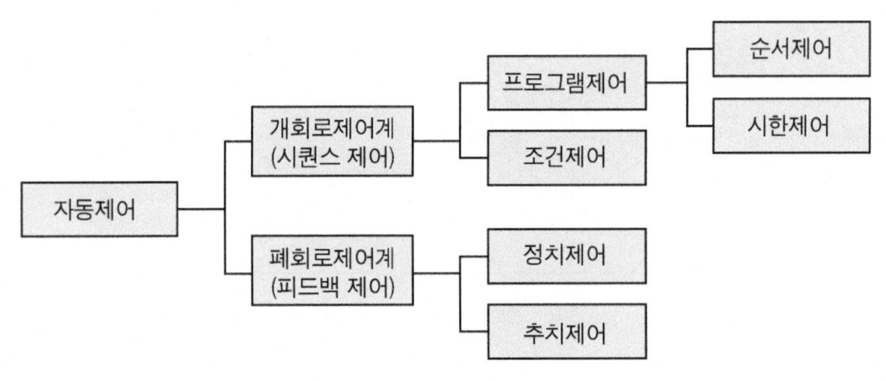

그림. 자동제어 계통도

(1) 개회로 제어계

개회로 제어계란? 기기와 프로세스가 미리 정해진 시간과 순서에 따라 차례로 동작하여 자동운전하게 하는 제어방법이다. 시퀀스 제어(Sequence Control)라고도 한다. 실례로는 전기밥솥 등에 사용되는 제어법으로 일련의 정해진 코스와 시간에 의해 동작하는 방식이다.

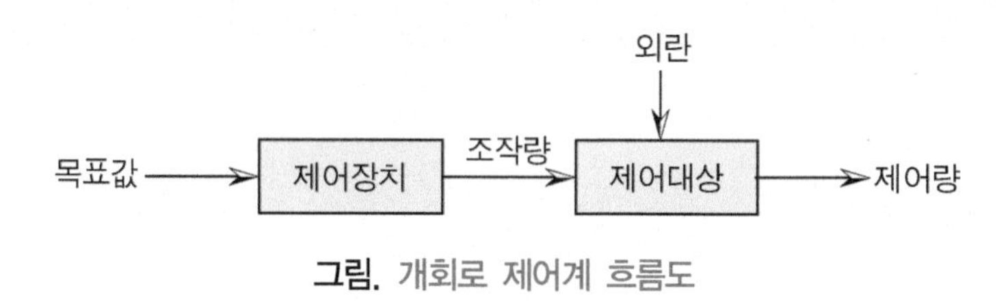

그림. 개회로 제어계 흐름도

□ 개회로 제어계의 특징 :

- 부정확하다.
- 구조가 간단하다.
- 오차의 교정이 불가능하다.

(2) 폐회로 제어계

폐회로 제어계란? 좀 더 진화된 방법으로 실제 동작상태와 목표치가 일치되는지 여부를 체크하면서 목표치에 도달하도록 오차를 수정하는 귀환회로가 있는 피드백(Feedback) 제어방식이다. 정량적으로 물리량을 제어하는 제어계에 활용된다.

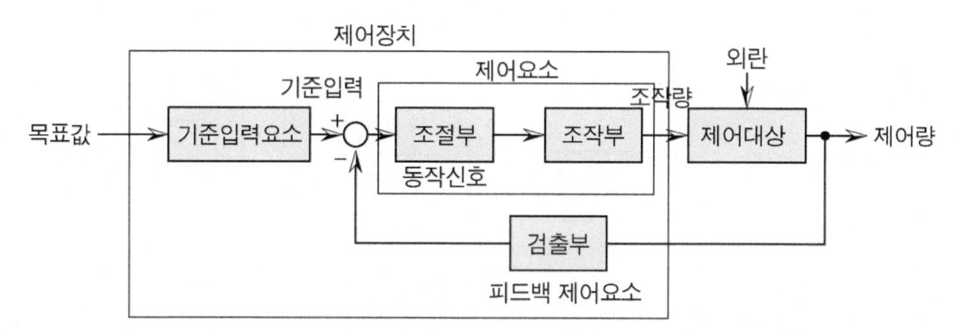

그림. 페루프 제어계 흐름도

- 기준입력요소 : 목표값을 제어할 수 있는 전기적인 신호로 변환해주는 장치이다. 제어계에서 실질적인 입력을 말한다.
- 동작신호 : 기준입력과 주피드백 신호의 차로, 페루프에 직접 가해지는 입력이다.
- 제어요소 : 조절부와 조작부가 있다.
  - 조절부 : 목표값과 실제값의 오차를 측정하여 이 오차를 줄이기 위한 원하는 제어신호를 만든다. 이를 조작부로 전송한다.
  - 조작부 : 전송받은 조절신호를 조작량으로 변환하여 제어장치(제어대상)에 전송한다.

- 제어대상 : 제어를 받는 제어장치이다. 실제값을 측정할 수 있는 대상으로 목표값과 비교하여 오차를 측정하는 검출부의 입력신호(데이터)로 이용된다.
- 검출부 : 실제값을 검출해서 기준신호와 비교할 수 있는 피드백 신호를 만든다.
- 외란 : 제어량을 교란시키는 모든 외부영향을 의미하며, 제어가 불가능하다.

□ 폐회로 제어계의 특징

- 정확성이 증가한다.
- 대역폭이 증가한다.
- 구조가 복잡해서 설치비가 고가이고 크다.
- 전체 이득(입력 대 출력의 비)은 감소한다.

6.2 피드백 제어의 분류

1) 제어목적에 따른 분류

- 정치제어 : 일정한 목표값(정한 값)을 유지하는 방식의 제어
- 추치제어 : 시간에 따라 변하는 목표값에 제어량을 추종시키는 방식의 제어

예제 **목표값이 시간에 관계없이 항상 일정한 값을 가지는 제어는?**

① 정치제어	② 추종제어
③ 비율제어	④ 프로그램제어

정답 ①

2) 제어량의 성질에 따른 분류

- 서보기구 : 제어량이 물체의 위치, 방향, 자세 등으로 목표값을 임의의 변화에 추종하도록 제어하는 방식이다. 실례로 정밀공작기기의 위치제어, 항공기의 방향제어, 미사일 발사대의 자동위치제어 등에 활용된다.

- 프로세스제어 : 제어량이 온도, 압력, 농도, 유량, 밀도 등으로 생산공정 과정에서 상태량을 제어하는데 활용된다.
- 자동조정 : 제어량이 전압, 전류, 회전속도, 주파수등으로 전기적, 기계적인 량을 주로 제어하는 방식이다. 응답속도가 매우 빠르다.

예제 **유량, 압력, 액위, 농도 등의 공업 프로세스의 상태량을 제어량으로 하는 제어는?**

① 프로그램제어	② 프로세스제어
③ 비율제어	④ 자동조정

해설 프로세스제어 = 공정제어

정답 ②

3) 조절부의 동작에 따른 분류

- 비례제어(P 동작) :
  - 목표값과 현재값의 편차에 비례하게 조절하는 제어방식이다.
  - 오차가 크고 동작속도가 느려서 잔류편차(OffSet)가 발생된다.
  - 전달함수 $G = K$
- 적분제어(I 동작) :
  - 오차에 해당하는 면적(적분)을 구하여 제어하는 방식
  - 잔류편차를 억제, 정정시간이 길다.
  - 전달함수 $G = \frac{1}{T_i}s$ $\Leftarrow T_i$: 적분시간
- 미분제어(D 동작) :
  - 오차의 변화속도에 의해 제어하는 방식이다.
  - 응답속도가 빠름, 오버슈트가 커진다.
  - 전달함수 $G = \frac{1}{T_d}s$ $\Leftarrow T_d$: 미분시간

- 비례적분제어(PI 동작) :
  - 편차를 시간적으로 누적하여 임의의 크기가 되면 제어하는 방식
  - 잔류편차를 제거, 정상특성을 개선시킨다.
  - 전달함수 $G = K(1 + \frac{1}{T_i s})$
- 비례미분제어(PD 동작) :
  - 비례제어의 느린 속도를 개선하기 위해 미분동작을 추가한 제어방식
  - 응답속도를 향상, 과도특성을 개선시킨다.
  - 전달함수 $G = K(1 + T_d s)$
- 비례적분미분제어(PID 동작) :
  - 비례적분제어는 외란에 대해 응답이 느리기 때문에 미분동작을 추가하여 외란을 크게 제어하는 방식이다.
  - 응답속도 향상, 잔류편차 제거, 정상 및 과도특성 개선
  - 전달함수 $G = K(1 + \frac{s}{T_i} + T_d s)$

표. 제어동작에 의한 분류

구분		특징
불연속 제어	ON-OFF 제어	단속적 동작
연속 제어	Sampling 제어	전압/전류/위상을 제어
	비례제어(P 제어)	잔류 편차(Off Set) 발생
	적분제어(I 제어)	잔류 편차(Off Set) 개선 시간 지연(속응성) 발생
	미분제어(D 제어)	시간 지연 개선, 잔류 편차 존재 오차 방지, 진동방지,오브슈트 증가
	비례적분제어(PI 제어)	잔류 편차 제거, 시간 지연 증가
	비례미분제어(PD 제어)	시간 지연 개선(응답속응성), 잔류 편차 존재
	비례미분적분제어(PDI)	시간 지연 향상, 잔류 편차 제거

예제 피드백 제어계에서 제어요소에 대한 설명 중 옳은 것은?

① 조작부와 검출부로 구성
② 조절부와 변환부로 구성
③ 목표값에 비례하는 신호를 발생
④ 동작신호를 조작량으로 변환

해설 블록도

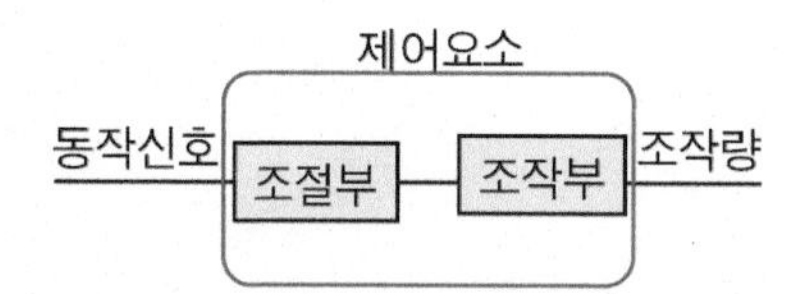

정답 ④

예제 적분시간이 2초이고, 비례감도가 5인 PI제어기의 전달함수는?

① $\dfrac{10s+5}{2s}$ ② $\dfrac{10s-5}{2s}$

③ $1+\dfrac{1}{2s}$ ④ $1-\dfrac{1}{2s}$

해설 비례적분제어(PI 동작)의 전달함수 $G = K(1+\dfrac{1}{T_i s})$

$$= 5(1+\frac{1}{2s}) = \frac{10s+5}{2s}$$

정답 ①

예제 자동제어계의 기본 구성에서 제어요소를 구성하는 것은?

① 비교부와 검출부　　② 검출부와 조작부
③ 조절부와 검출부　　④ 조절부와 조작부

해설

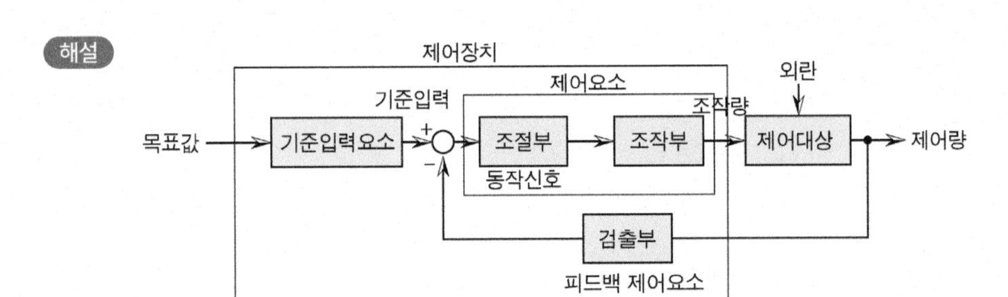

정답 ④

예제 기준입력과 주피드백 신호의 차로, 제어계의 동작을 일으키는 원인이 되는 신호는?

① 주궤환신호　　② 기준입력신호
③ 동작신호　　④ 조작신호

정답 ③

6.3 전달함수

전달함수(Transfer Function)는 제어계의 입력신호에 대한 출력신호의 관계를 나타낸 것이다. 따라서 시스템의 성능 분석 및 설계에 이용된다.

시간 영역(Time Domain)에서 시스템에 입력과 출력을 각각 $x(t)$, $y(t)$라고 할 때, 시스템의 응답을 구하기 위해서는 입력과 임펄스 응답$g(t)$ 함수의 콘볼루션(Convolution)을 계산해야한다.

주파수 영역(Frequency Domain)의 라플라스 변환의 전달함수를 사용하면 응답함수$Y(s)$는 입력$X(s)$과 전달함수$G(s)$를 곱하면 구할 수 있다.

□ 개회로 제어계의 블록선도

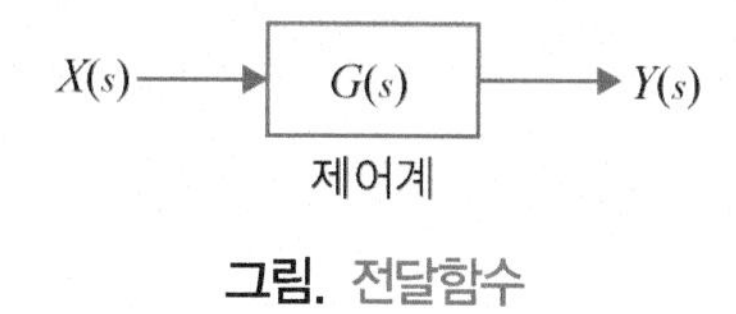

그림. 전달함수

- 전달함수 $G(s) = \dfrac{Y(s)}{X(s)}$
- 응답(출력) $Y(s) = X(s) \cdot G(s)$

라플라스 변환(Laplace Transform) : 미분방정식을 쉽게 풀 수 있도록 대수방정식으로 변환하는 방법이다.

- 시간 차원에서 주파수 차원으로 변환하여 분석할 수 있다.

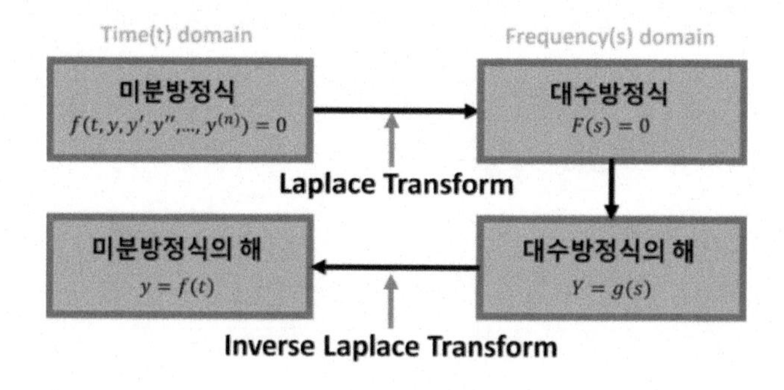

그림. 라플라스 변환

6.4 블록선도

블록선도((Block Diagram)는 제어계의 구성 요소들 간에 신호의 흐름을 나타낸 선형 도면이다. 신호 흐름에 대한 가감승제, 분기를 기호로 나타낸 것이다.
제어 시스템의 성능 분석 및 설계 시 전달함수를 구하고, 이를 조정하는데 이용한다.

1) 블록선도 구성요소

블록선도는 전달요소, 신호흐름, 가합점, 인출점으로 구성된다.

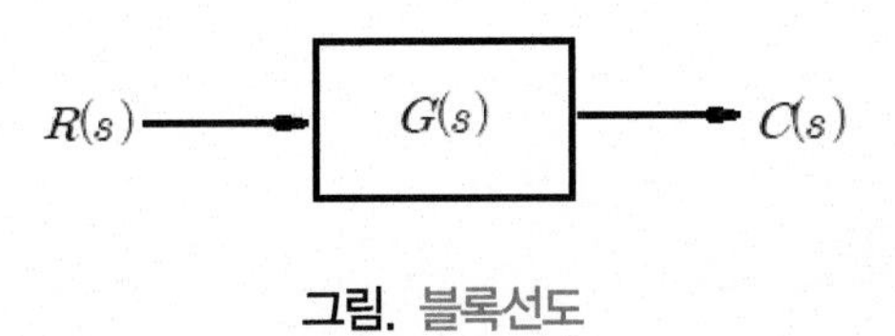

그림. 블록선도

- 가합점

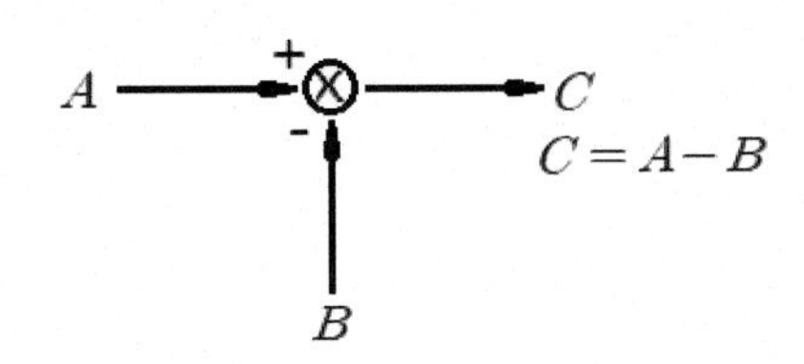

- 인출점

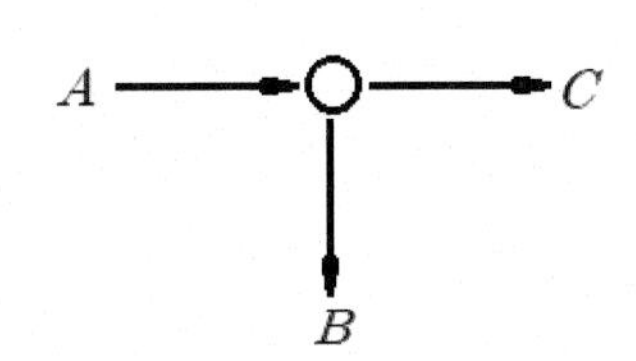

(1) 직렬 접속의 등가변환

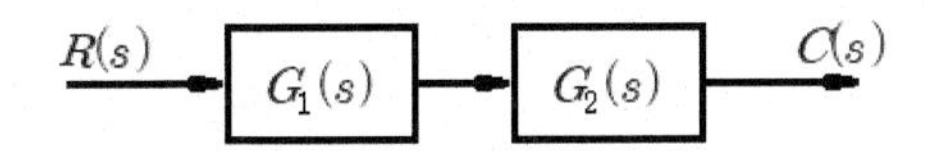

$R(s) \rightarrow \boxed{G_1(s) \times G_2(s)} \rightarrow C(s)$

직렬접속은 곱이다.

(2) 병렬 접속의 등가변환

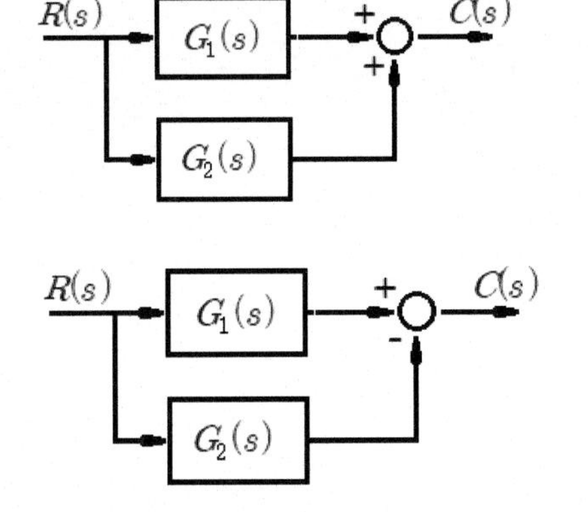

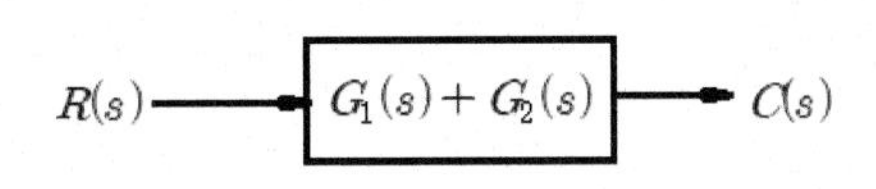

$R(s) \rightarrow \boxed{G_1(s) - G_2(s)} \rightarrow C(s)$

병렬접속은 합이다.

(3) 피드백 접속의 등가변환

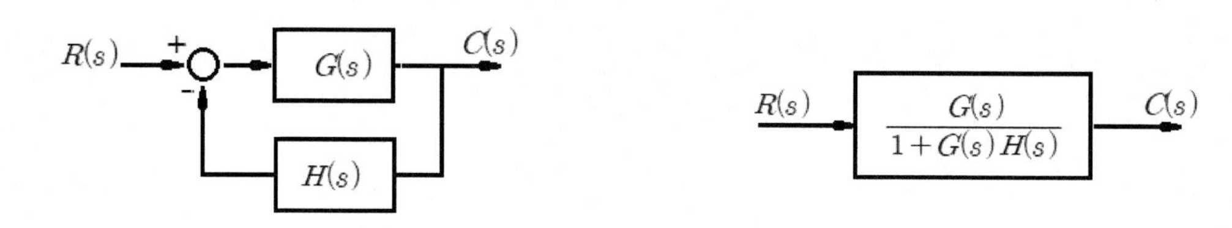

예제 아래의 블록선도(단위 피드백 접속)에 대한 전달함수를 구하시오.

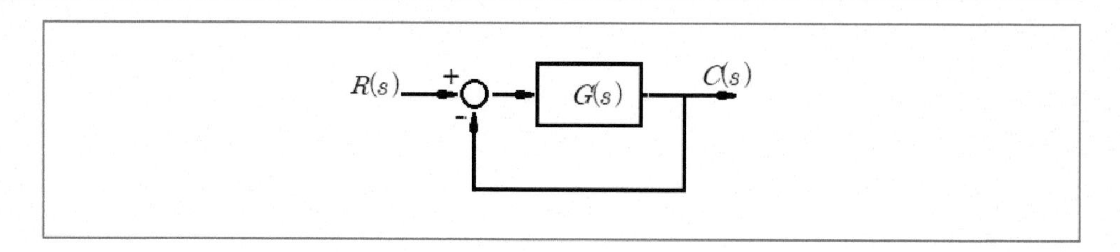

해설 $\dfrac{\text{출력}}{\text{입력}} = \dfrac{C(s)}{R(s)} = \dfrac{G(s)}{1+G(s)}$

예제 아래의 블록선도에 대한 출력을 구하시오.

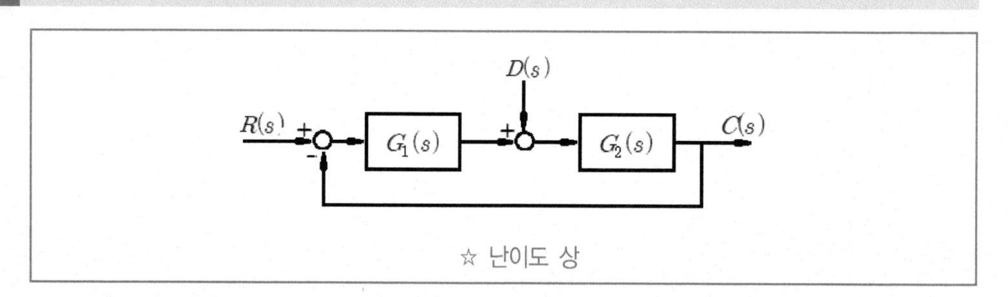

해설 출력 $C(s) = \dfrac{G_1(s)\,G_2(s)}{1+G_1(s)G_2(s)}R(s) + \dfrac{G_2(s)}{1+G_1(s)G_2(s)}D(s)$

☆ 생각하기 : 왜 본 문제에서는 전달함수 $\dfrac{C(s)}{R(s)}$가 아닌 출력 $C(s)$을 구하라는 문제인지를 생각해 보기

구분	전달함수	블록선도	신호흐름도
종속접속	$c = G_1 \cdot G_2 \cdot a$	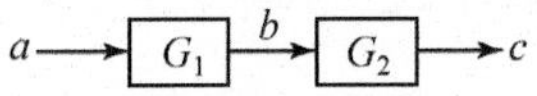 $a \to G_1 \xrightarrow{b} G_2 \to c$	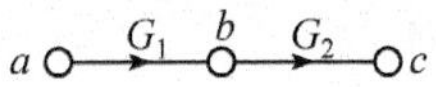 $a \xrightarrow{G_1} b \xrightarrow{G_2} c$
병렬접속	$d = (G_1 \pm G_2)a$	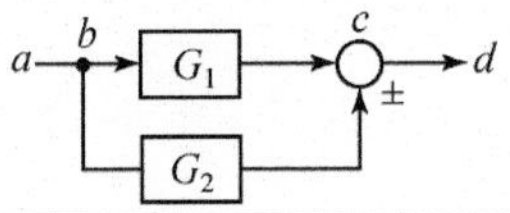 a, b, G_1, c, ±, d, G_2	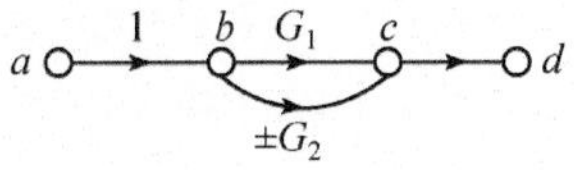 a, 1, b, G_1, c, d, $\pm G_2$
피드백 접속	$d = (G_1 \pm G_2)a$	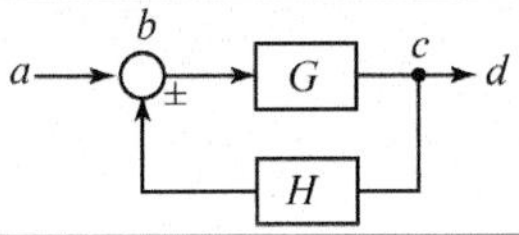 a, b, ±, G, c, d, H	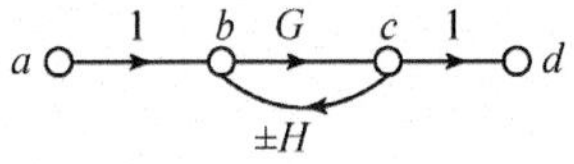 a, 1, b, G, c, 1, d, $\pm H$

예제 그림과 같은 블록선도에서 출력 C(s)는?

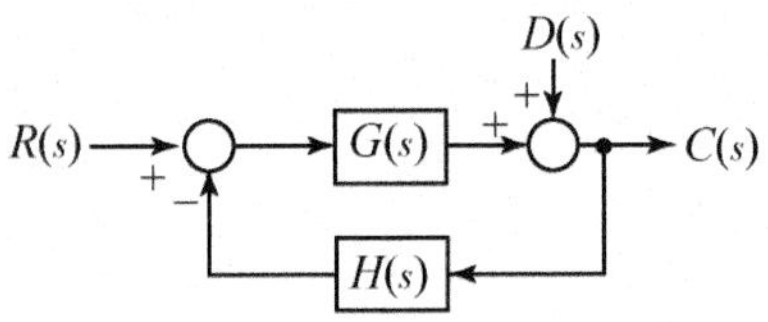

R(s), +, −, G(s), D(s), +, +, C(s), H(s)

① $\dfrac{G(s)}{1+G(s)H(s)}R(s)+\dfrac{G(s)}{1+G(s)H(s)}D(s)$

② $\dfrac{1}{1+G(s)H(s)}R(s)+\dfrac{1}{1+G(s)H(s)}D(s)$

③ $\dfrac{G(s)}{1+G(s)H(s)}R(s)+\dfrac{1}{1+G(s)H(s)}D(s)$

④ $\dfrac{1}{1+G(s)H(s)}R(s)+\dfrac{G(s)}{1+G(s)H(s)}D(s)$

☆ 난이도 상

해설 $C(s)=\dfrac{G(s)}{1+G(s)H(s)}R(s)+\dfrac{1}{1+G(s)H(s)}D(s)$

예제 **변위를 전압으로 변환시키는 장치가 아닌 것은?**

① 포텐셔미터	② 차동변압기
③ 전위차계	④ 측온저항체

해설 측온저항체는 온도를 전압으로 변환시키는 장치

정답 ④

★ 변환장치

1. 변위를 전압으로 : 포텐셔미터, 차동변압기, 전위차계
2. 변위를 임피던스로 : 가변저항기, 가변저항스프링, 용량형변환기
3. 변위를 압력으로 : 유압분사관
4. 압력을 변위로 : 다이어프램
5. 전압을 변위로 : 전자
6. 온도를 임피던스로 : 측온저항체, 정온식감지선형감지기
7. 온도를 전압으로 : 광전다이오드, 열전대식감지기, 열반도체식감지기

연 • 습 • 문 • 제

01 **시스템이 원하는 상태로 작동하도록 만들기 위해 순서와 프로그램 혹은 기구가 맡은 역할과 동작을 조절하는 일련의 과정을 무엇이라고 하는가?**

① 자동　　② 제어
③ 프로그래밍　　④ 프로세스

정답 ②

02 **기기와 프로세스가 미리 정해진 시간과 순서에 따라 차례로 동작하여 자동운전하게 하는 제어방법은?**

① 피드백 제어　　② 프로세스 제어
③ 폐회로 제어　　④ 시퀀스 제어

정답 ④

03 **개회로 제어계의 특징이 아닌 것은?**

① 부정확하다.　　② 구조가 간단하다.
③ 오차의 교정이 불가능하다.　　④ 검출부가 있다.

정답 ④

04 **제어요소는 동작신호를 무엇으로 변환하는 요소인가?**

① 제어량　　② 비교량
③ 검출량　　④ 조작량

정답 ④

05 제어요소의 구성요소는?

① 조작부, 검출부
② 검출부, 조절부
③ 조절부, 조작부
④ 외란, 조작부

정답 ③

06 폐회로 제어계의 특징이 아닌 것은?

① 정확성이 증가한다.
② 대역폭이 증가한다.
③ 구조가 복잡해서 설치비가 고가이고 크다.
④ 전체 이득(입력 대 출력의 비)은 증가한다.

정답 ④

07 조작기기는 직접 제어대상에 작용하는 장치이고 빠른 응답이 요구된다. 다음 중 전기식 조작기기가 아닌 것은?

① 서보 전동기
② 전동 밸브
③ 다이어프램 밸브
④ 전자 밸브

정답 ③

08 제어량에 따른 제어방식 중 온도, 유량, 압력 등의 공업 프로세스의 상태량을 제어량으로 하는 제어계로서 외란의 억제를 주목적으로 하는 제어방식은?

① 서보기구
② 자동조정
③ 추종제어
④ 프로세스제어

정답 ④

09 PD(비례 미분) 제어 동작의 특징으로 옳은 것은?

① 잔류편차 제거　　② 간헐현상 제거

③ 불연속 제어　　④ 속응성 개선

정답 ④

10 잔류편차를 제거할 수 있는 제어방식의 종류를 쓰시오.

정답 비례미분제어(PD 동작), 비례적분미분제어(PID 동작)

11 그림의 블록선도에서 전달함수 $\frac{C(s)}{R(s)}$ 는?

① $\frac{G_1(s)+G_2(s)}{1+G_1(s)G_2(s)+G_3(s)G_4(s)}$　　② $\frac{G_1(s)G_2(s)}{1+G_1(s)G_2(s)G_3(s)G_4(s)}$

③ $\frac{G_3(s)G_4(s)}{1+G_1(s)G_2(s)G_3(s)G_4(s)}$　　④ $\frac{G_1(s)G_2(s)}{1+G_1(s)G_2(s)+G_3(s)G_4(s)}$

정답 ②

12 아래 그림의 블록선도에 대한 전달함수 $\dfrac{C(s)}{R(s)}$는?

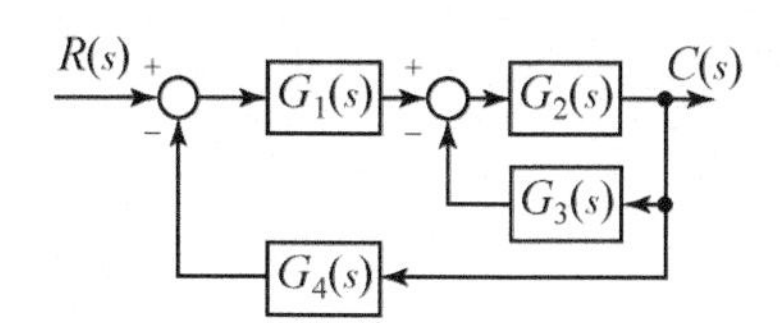

① $\dfrac{G_1(s)G_2(s)}{1+G_2(s)G_3(s)+G_1(s)G_2(s)G_4(s)}$ ② $\dfrac{G_3(s)G_4(s)}{1+G_2(s)G_3(s)+G_1(s)G_2(s)G_4(s)}$

③ $\dfrac{G_1(s)G_2(s)}{1+G_1(s)G_2(s)+G_1(s)G_2(s)G_3}$ ④ $\dfrac{G_3(s)G_4(s)}{1+G_1(s)G_2(s)+G_1(s)G_2(s)G_3}$

정답 ①

13 블록선도의 전달함수 $\dfrac{C(s)}{R(s)}$는?

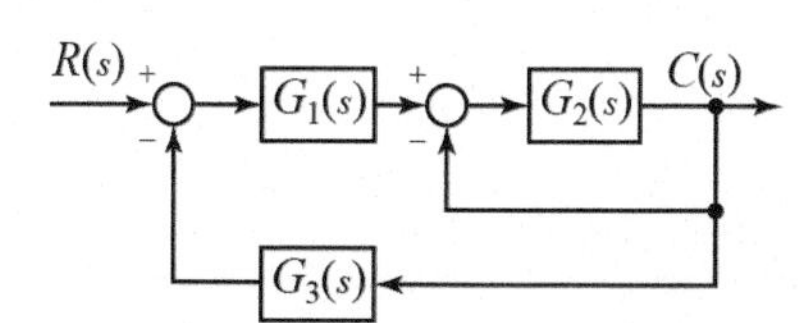

① $\dfrac{G_1(s)G_2(s)}{1+G_2(s)+G_1(s)G_2(s)G_3(s)}$ ② $\dfrac{G_1(s)G_2(s)}{1+G_3(s)+G_1(s)G_2(s)G_3(s)}$

③ $\dfrac{G_1(s)G_2(s)}{1+G_1(s)+G_1(s)G_2(s)G_3(s)}$ ④ $\dfrac{G_1(s)G_2(s)}{1+G_1(s)G_2(s)G_3(s)}$

정답 ①

14 그림 (a)와 그림 (b)의 각 블록선도가 등가인 경우 전달함수 $\frac{C(s)}{R(s)}$는?

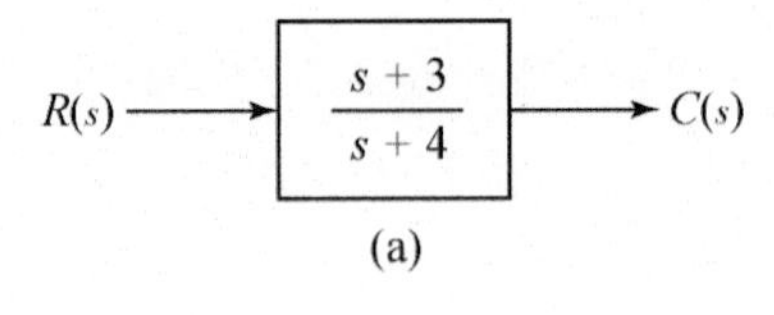

(a)

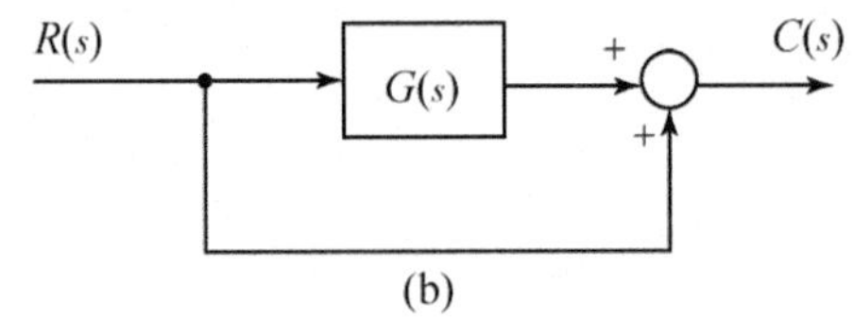

(b)

① $\frac{1}{s+4}$　　② $\frac{2}{s+4}$

③ $\frac{-1}{s+4}$　　④ $\frac{-2}{s+4}$

정답 ③

15 블록선도에서 외란 D(s)의 입력에 대한 출력 C(s)의 전달함수 $\left(\frac{C(s)}{D(s)}\right)$는?

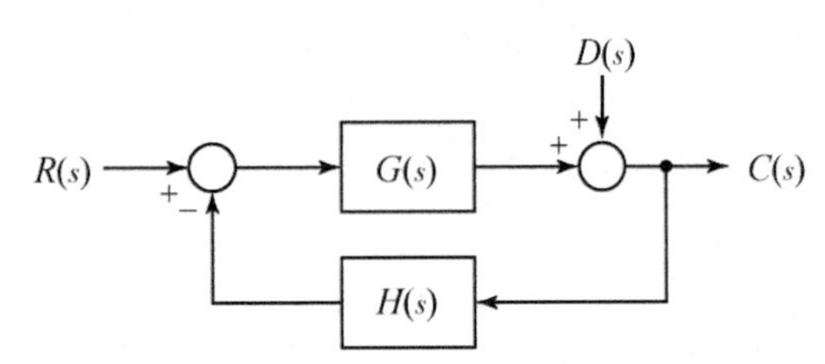

① $\frac{G(s)}{H(s)}$　　② $\frac{1}{1+G(s)H(s)}$

③ $\frac{H(s)}{G(s)}$　　④ $\frac{G(s)}{1+G(s)H(s)}$

정답 ②

16 직류 서보 전동기에 대한 설명으로 옳은 것은?

① 계자 권선의 전류가 일정하다.

② 제어 권선과 콘덴서가 부착된 여자 권선으로 구성된다.

③ 전기적 신호를 계자 권선의 입력 전압으로 한다.

④ 교류 서보 전동기에 비하여 구조가 간단하여 소형이고 출력이 비교적 낮다.

정답 ④

17 목표값이 다른 양과 일정한 비율 관계를 가지고 변화하는 제어방식은?

① 장치제어 ② 추종제어

③ 프로그램제어 ④ 비율제어

정답 ④

시퀀스 제어

7.1 시퀀스 제어 개요

시퀀스 제어란? 미리 정해진 조건에 따라 제어의 각 단계를 차례대로 순차적으로 제어하는 방법을 말한다.

1) 시퀀스 제어 구현 방법

- 첫 번째 전기회로를 이용한 구현 방법으로 각 단계의 동작을 전기회로의 스위치(Switch)나 릴레이(Relay)를 사용하여 제어한다.
- 두 번째 PLC(Programmable Logic Controller)를 사용하여 시퀀스(Sequence) 제어를 구현하는 방법은 PLC에 시퀀스 제어 프로그램을 작성하여 각 단계의 동작을 제어한다.
- 세 번째 소프트웨어를 사용하여 시퀀스 제어를 구현하는 방법으로 컴퓨터에 시퀀스 제어 프로그램을 작성하여 각 단계의 동작을 제어한다.

실례로 엘리베이터, 세탁기, 에어컨, 신호등 등에서 활용되는 제어방식이다.

시퀀스 제어를 구현하는 방법

- 전기회로로 구현
- PLC(Programmable Logic Controller)로 구현
- 소프트웨어로 구현

예제 음료수나 커피 등의 자동판매기의 제어방식은?

① 프로세스 제어	② 피드백 제어
③ 폐회로 제어	④ 시퀀스 제어

정답 ④

7.2 제어요소

시퀀스 제어요소는 제어기기 및 기구를 순차적으로 실행시키기 위해 자동 스위치나 계전기로 구성되는 요소를 말한다. 따라서 제어요소의 종류와 동작원리에 대해 살펴본다.

1) 수동 조작 스위치

수동 조작 스위치는 수동으로 접점을 ON, OFF시켜 조작하는 스위치를 말한다. 종류에는 수동조작 수동복귀, 수동조작 자동복귀, 자동조작 수동복귀, 자동조작 자동복귀가 있다.

- 수동조작 수동복귀 : 선택 스위치나 누름 스위치 등을 손으로 직접 눌러서 조작하는 스위치를 말한다.
- 수동조작 자동복귀 : 누름 버튼에 의해 접점되어 동작되고 버튼을 놓으면 스프링에 의해 복귀되는 스위치를 말한다.
- 자동조작 수동복귀 : 접점 동작은 자동으로 이루어지고, 복귀는 수동으로 이루어지는 스위치를 말한다.
  - ㉾ 과전류 계전기(OCR)
- 자동조작 자동복귀 : 점점과 복귀가 모두 자동으로 이루어지는 스위치를 말한다.
  - ㉾ 릴레이, 타이머, 전자접촉기

2) 검출 스위치

검출 스위치는 기기의 작동, 제품의 온도, 압력, 액면, 위치 등을 제어하기 위해 상태나 변화를 검출하는데 사용되는 스위치이다.

검출하는 대상에 따라 종류가 다양하며 대표적인 검출 스위치에는 리미트 스위치, 플로트 스위치, 근접 스위치 등이 있다.

□ **리미트 스위치(Limit Switch)**

물체의 위치를 검출하는 스위치이다. 돌출되어 있는 접촉부가 물체에 접촉하면 스위치가 개폐되는 구조로 공작기계에 사용된다.

그림. 리미트 스위치

□ **플로트 스위치(Float Switch)**

액체의 량을 일정하게 유지하거나 조정할 때 사용되는 전자 스위치이다. 원리는 액체의 면을 따라 아래, 위로 움직이는 플로트에 의해 접점을 개폐되는 구조이다. 보일러 등에 사용된다.

그림. 플로트 스위치

□ **근접 스위치(Proximity Switch)**

물체에 접근하면 변하는 전자기장의 량을 검출하여 개폐동작이 되도록 하는 비접촉방식의 스위치이다.

그림. 근접 스위치

□ **광전 스위치(Photoelectric Switch)**

물체에 빛을 투과시켜 통과하는 빛의 량의 변화로 스위치를 개폐시키는 원리이다.

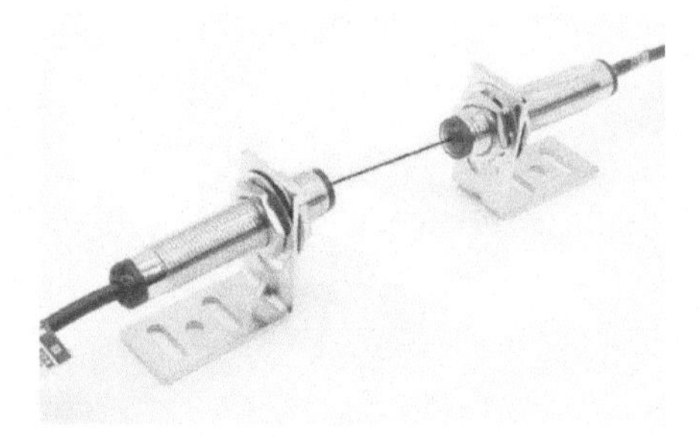

그림. 광전 스위치

3) 제어기기

□ **릴레이(전자 계전기) : 전자석 원리를 이용하는 계전기이다.**

- 원리 : 코일에 전류가 흐르면 자기력의 발생으로 여자되어 접점을 붙도록 하고, 전류가 차단되면 소자되어 접점이 떨어지는 원리를 이용하여 자동으로 계폐시킨다.
  - 순시동작 : 전류가 흘러 코일이 여자되면 전자석에 의해 접점을 끌어당겨 동작(ON)되는 소자
  - 순시복귀 : 전류가 차단되어 코일이 소자되면 스프링에 의해 접점이 복귀(OFF)되는 소자

그림. 릴레이

□ 무접점 스위치 : 접점이 없는 스위치이다.

- 원리 : 전기, 자기, 빛 등에 의해 개폐되도록 하는 작동원리를 이용한다.

그림. 무접점스위치

□ 타이머(Timer) : 시간 설정값에 따라 접점을 전기적으로 개폐시키는 스위치이다.

- 원리 : 전원이 공급되면 타이머가 작동하여 설정한 시간 후에 접점을 ON 또는 OFF시킨다.

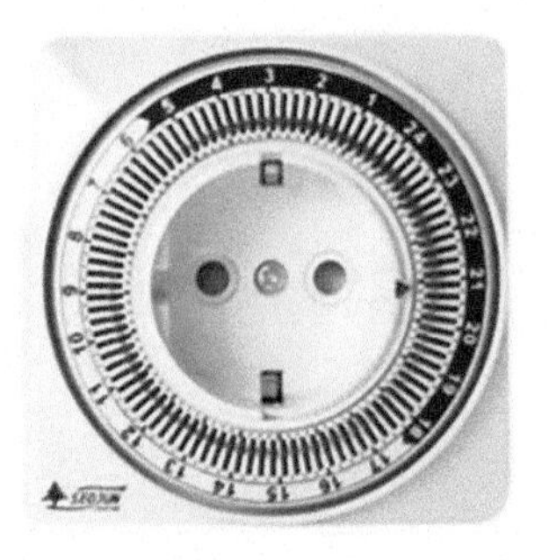

그림. 타이머

□ 전자접촉기(Electromagnetic Contactor) : 대용량의 전동기와 같은 전기회로를 개폐하기 위해 사용되는 스위치이다.

- 원리 : 전자석 원리를 이용하여 접점을 자동으로 개폐시킨다.
  - 주 접점 : 대용량의 부하 전원을 개폐
  - 보조 접점 : 제어회로를 개폐(계전기와 같은 원리)

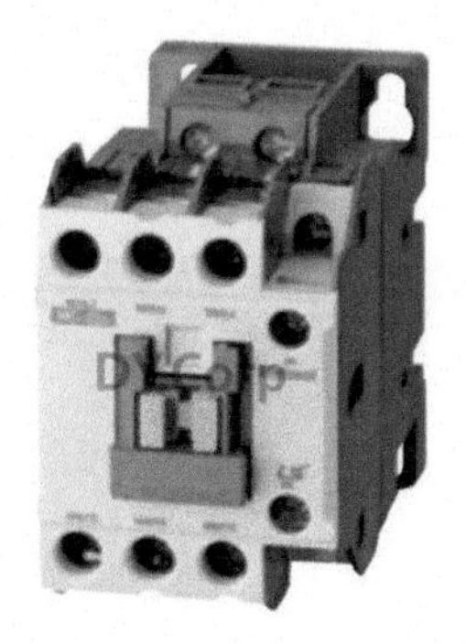

□ 열동계전기 : 과열 방지 보호용 스위치이다.

- 원리 : 과전류로 인한 열 발생에 의해 바이메탈을 작동시킨다.

□ 전자개폐기 : 전자접촉기와 열동계전기를 결합한 장치이다.

- 원리
  - 전자접촉기 : 부하의 ON, OFF을 제어
  - 열동계전기 : 과부하를 차단하는 기능

제어비교

- 조건제어 : 릴레이회로나 논리회로를 사용
- 프로그램제어 : 플로차트 방식이나 타임차트 방식을 사용

7.3 불 대수

불 대수(Boolean Algebra)는 논리 대수라고도 한다. 스위치의 ON, OFF을 1, 0의 2진수 부호로 나타내어 일상적인 논리를 대수적으로 표현한 것을 말한다.

불 대수의 논리연산자를 사용한 논리 회로 개념을 이용하여 컴퓨터분야에는 전자회로 설계, 전기분야에는 논리적인 동작 설계에 활용된다.

1) 논리회로

논리회로(Logic Circuit)란? 물리적인 동작을 2진수의 논리적인 입력값인 0, 1에 대응시켜 논리적인 연산으로부터 논리적인 출력의 결과값을 얻기 위해 불 대수를 이용한 논리적인 전자 회로를 말한다.

논리에는 정(Positive) 논리와 부(Negative) 논리가 있다. 정 논리는 스위치의 ON, OFF을 각각 1, 0의 2진수 부호로 나타내고, 부 논리는 역으로 ON, OFF을 각각 0, 1의 2진수 부호로 나타낸다. 기본적인 논리회로에는 논리곱 AND, 논리합 OR, 논리부정 NOT, 부정논리곱 NAND, 부정논리합 NOR, 배타적 논리합 XOR, 배타적 부정논리합 XNOR, 등이 있다.

(1) 논리곱(AND) 회로

입력단자(A, B)의 값이 모두 1일 때 출력(X) 값도 1이 된다. 그 외의 경우에는 출력 값은 모두 0이 된다.

□ 논리식으로 표현하면 다음과 같다.

$X = A \cdot B$

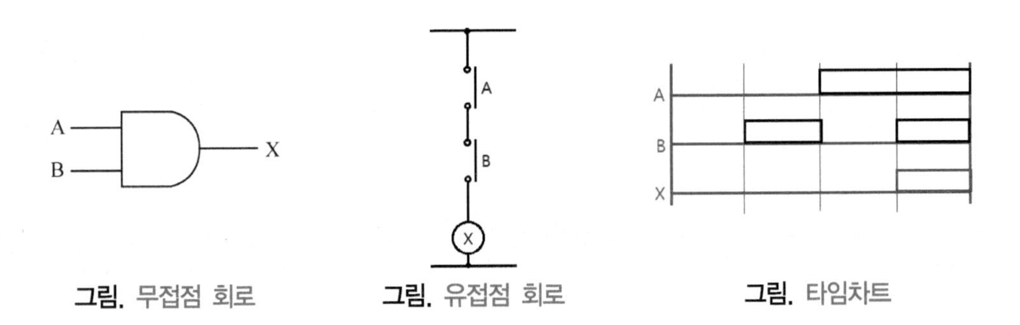

그림. 무접점 회로　　그림. 유접점 회로　　그림. 타임차트

□ 진리표

A	B	X
0	0	0
0	1	0
1	0	0
1	1	1

(2) 논리합(OR) 회로

입력단자 두 개(A, B) 중에 하나라도 1이면 출력이 1이 되고, 둘 다 0일 때 출력(X)은 0이 된다.

□ 논리식으로 표현하면 다음과 같다.

$$X = A + B$$

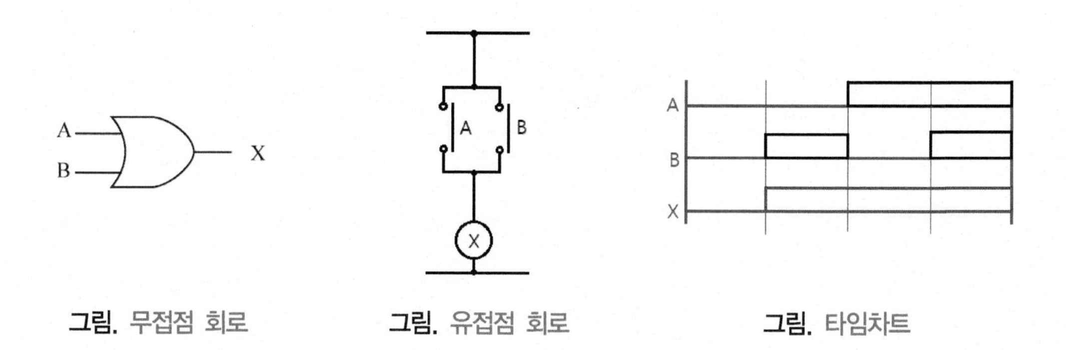

그림. 무접점 회로　　그림. 유접점 회로　　그림. 타임차트

□ 진리표

A	B	X
0	0	0
0	1	1
1	0	1
1	1	1

(3) 논리부정(NOT) 회로

입력단자의 입력 A에 대한 출력 X 값은 역으로 나타난다. 즉, 입력이 1이면 출력은 0, 입력이 0이면 출력은 1이 나온다.

□ 논리식으로 표현하면 다음과 같다.

$X = \overline{A}$

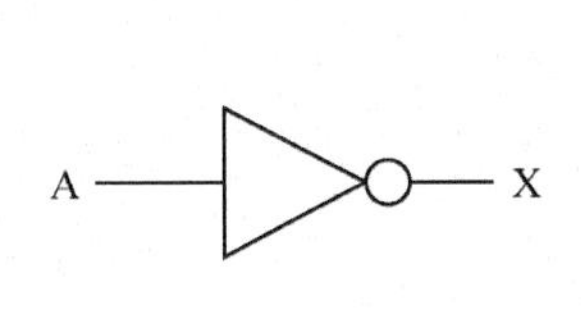

그림. 무접점 회로

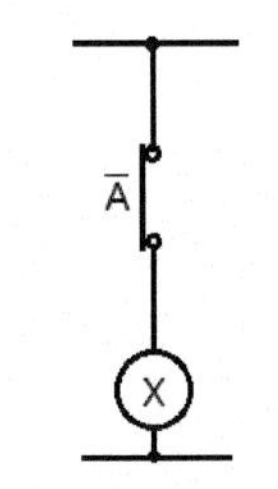

그림. 유접점 회로

□ 진리표

A	X
0	1
1	0

(4) 부정논리곱(NAND)

입력단자 두 개(A, B)의 값을 논리곱(AND)으로 연산한 후, 이 결과에 부정(NOT)을 취한다. 즉, 논리곱의 결과 값이 0이면 1로, 1이면 0으로 나타낸다.

□ 논리식으로 표현하면 다음과 같다.

$X = \overline{A \cdot B}$

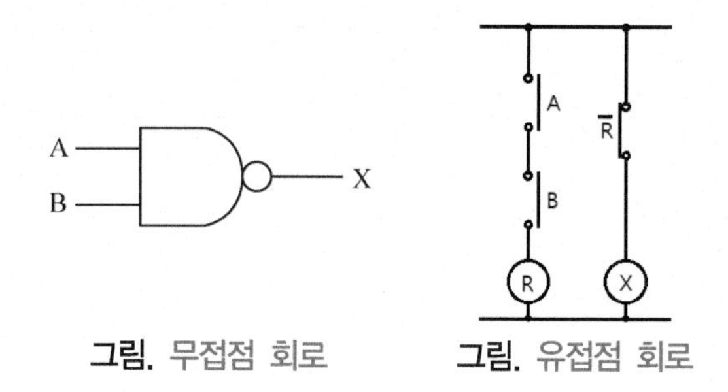

그림. 무접점 회로 그림. 유접점 회로

□ 진리표

A	B	X
0	0	1
0	1	1
1	0	1
1	1	0

(5) 부정논리합(NOR)

입력단자 A, B의 값을 논리합(OR)으로 연산한 후, 이 결과에 부정(NOT)을 취한다. 즉, 논리합의 결과 값이 0이면 1로, 1이면 0으로 나타낸다.

□ 논리식으로 표현하면 다음과 같다.

$$X = \overline{A+B}$$

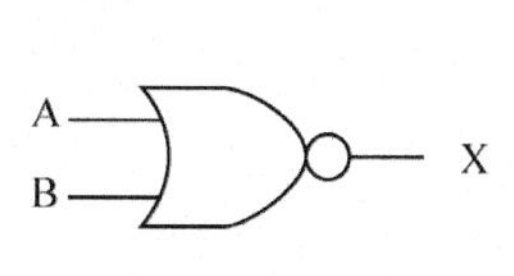

그림. 무접점 회로

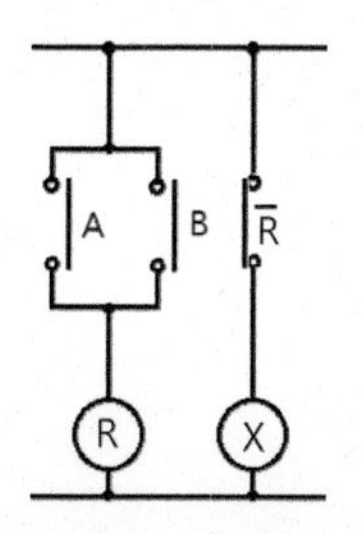

그림. 유접점 회로

□ 진리표

A	B	X
0	0	1
0	1	0
1	0	0
1	1	0

(6) 배타적 부정논리합(XNOR)

두 개의 입력이 같으면 1이고, 같지 않으면 0이다.

□ 논리식으로 표현하면 다음과 같다.

$$X = \overline{A} \cdot \overline{B} + A \cdot B$$

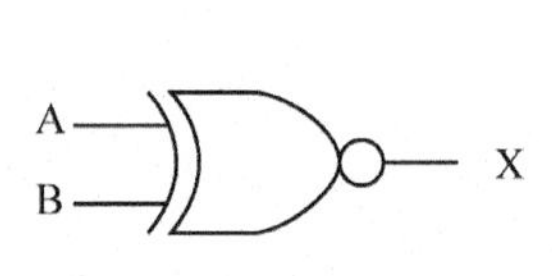

그림. 무접점 회로

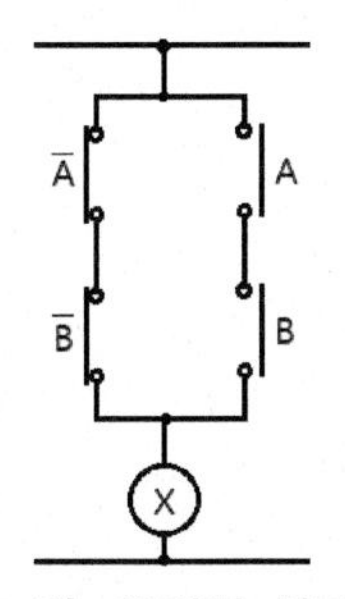

그림. 유접점 회로

□ 진리표

A	B	X
0	0	1
0	1	0
1	0	0
1	1	1

2) 불 대수의 정리

순차회로를 수학적으로 나타낼 수 있는 불 연산의 기본법칙에 대하여 살펴본다.

★ 불 대수의 기본 법칙을 이용하여 논리식을 간소화시키는 과정은 산업기사, 기사 등의 국가자격증 시험에 항상 출제되는 영역이므로 이해를 통해 반드시 자기 것으로 만들기 바란다.

표. 불 대수의 정리

법칙	합	곱
동일법칙	$A+A=A$	$A \cdot A=A$
항등법칙	$A+0=A,\ A+1=1$	$A \cdot 0=0,\ A \cdot 1=A$
보수법칙	$A+\overline{A}=1$	$A \cdot \overline{A}=0$
다중법칙	$\overline{\overline{A}}=A$	
교환법칙	$A+B=B+A$	$A \cdot B=B \cdot A$
결합법칙	$(A+B)+C=A+(B+C)$	$(A \cdot B) \cdot C=A \cdot (B \cdot C)$
분배법칙	$A \cdot (B+C)=(A \cdot B)+(A \cdot C)$	
흡수법칙	$A+(A \cdot B)=A$	$A \cdot (A+B)=A$
드모르간	$\overline{A+B}=\overline{A} \cdot \overline{B}$	$\overline{A \cdot B}=\overline{A}+\overline{B}$
	$\overline{\overline{A+B}}=A+B$	$\overline{\overline{A \cdot B}}=A \cdot B$

★ 흡수법칙 해석 : 논리식의 간략화 문제에서 가장 빈번히 출제된다.

$$\begin{aligned} A+(A \cdot B) &= A \cdot 1+(A \cdot B) \\ &= A \cdot (1+B) \quad \Leftarrow 1+B=1 : \text{항등법칙} \\ &= A \cdot 1 = A \end{aligned}$$

$$\begin{aligned} A \cdot (A+B) &= A \cdot 1 \quad \Leftarrow A+B=1 \\ &= A \quad \Leftarrow \text{항등법칙} \end{aligned}$$

(1) 불 대수식의 표현

불 대수식을 이용한 논리식의 표현하는 방법이다.

불 함수는 불 변수(A, B, C)와 불 연산자($+$, $\cdot$)로 다음과 같이 표기한다.

불 함수 $f(A, B, C)=A+B \cdot C$

참, 거짓을 나타내는 진리표에서 각 변수의 곱으로 최소항을 나타낸다. 이 때 최소항을 표기하는 방법은 해당 변수A가 참(ON : 1)이면 A, 거짓이(OFF : 0)이면 $\overline{A}$ or A'으로 표기한다.

(2) 논리식 표현

불 함수는 진리표의 최소항 중에서 참인 1의 값을 가지는 최소항에 대한 변수들의 합을 식으로 나타낸 식이다. 논리식은 불 변수들끼리는 곱으로 표기하고, 최소항끼리는 합으로 표기한다.

예제 **논리식 $Y=\overline{A}\,\overline{B}\,C+A\,\overline{B}\,\overline{C}+A\,\overline{B}\,C$를 간단히 표현한 것은?**

해설 불 대수의 정리를 이용하여 간소화한다.

$$
\begin{aligned}
Y &= \overline{A}\,\overline{B}\,C+A\,\overline{B}\,\overline{C}+A\,\overline{B}\,C \\
&= \overline{B}(\overline{A}\,C+A\,\overline{C}+A\,C) \\
&= \overline{B}((\overline{A}+A)C+A\,\overline{C}) \qquad \Leftarrow A+\overline{A}=1 \\
&= \overline{B}(C+A\,\overline{C}) \qquad \Leftarrow C=CC \\
&= \overline{B}(CC+A\,\overline{C}) \\
&= \overline{B}(C+A)(C+\overline{C}) \qquad \Leftarrow C+\overline{C}=1 \\
&= \overline{B}(A+C)
\end{aligned}
$$

예제 **그림과 같은 논리 회로의 출력 Y를 구하시오?**

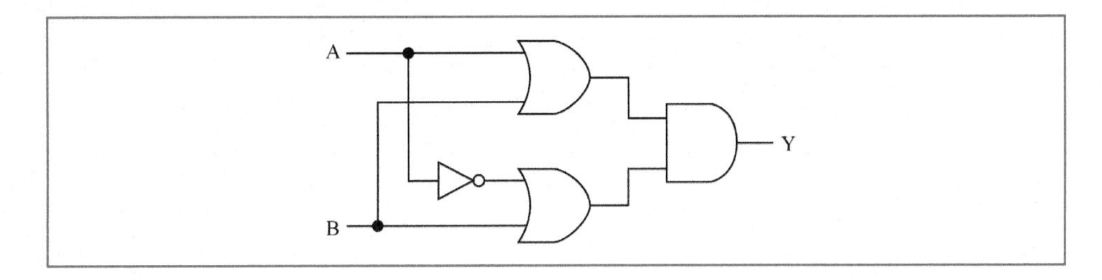

해설 회로에 대한 논리식을 세운 후, 불 대수의 정리로 간소화한다.

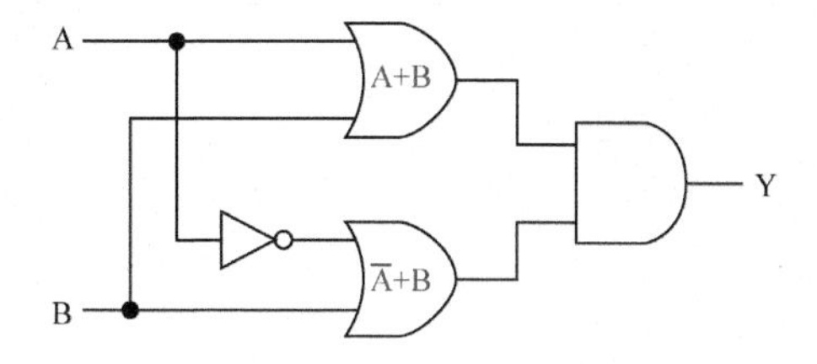

[방법 1]

- 무접점 회로를 논리식으로 표현하면

  $(A+B)\cdot(\overline{A}+B)=Y$

- 불 대수의 정리를 이용하여 간략화한다.

  $(A+B)\cdot(\overline{A}+B)=Y$
  $(A\cdot\overline{A})+B=Y$
  $Y=(0)+B \qquad \Leftarrow A\cdot\overline{A}=0$
  $=B$

[방법 2] 논리식을 전개한 후, 간략화하기

$(A+B)\cdot(\overline{A}+B)=Y$
$A\overline{A}+AB+B\overline{A}+BB=Y \qquad \Leftarrow A\cdot\overline{A}=0$
$Y=0+AB+B\overline{A}+B$
$=0+(A+\overline{A}+1)B \qquad \Leftarrow A+\overline{A}+1=1$
$=1\cdot B=B$

예제 **다음의 논리식을 간략화?**

$$Y=(A+B)(\overline{A}+B)$$

해설 불 대수의 정리를 이용

$Y=(A+B)(\overline{A}+B)$

$=(A\cdot\overline{A})+B \qquad \Leftarrow (A\cdot\overline{A})=0$

$=0+B=B$

3) 기본 논리회로 응용

(1) 자기유지 회로

자기유지(Self Hold)란? 시퀀스 회로에서 푸시버튼을 눌러 입력신호가 ON으로 인가되어 전자 계전기가 동작되면 푸시버튼을 놓아서 입력신호가 OFF으로 전환되어도 전자 계전기의 동작은 계속 유지되게 하는 제어 기능을 말한다.

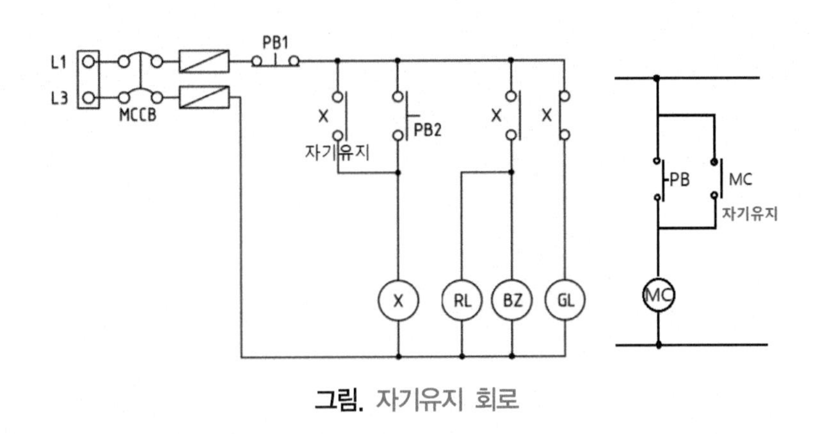

그림. 자기유지 회로

(2) 인터록 회로

인터록(Interlock)은 다수 기기의 동작 상태에서 동시에 2가지 이상의 기기가 동작되지 않도록 기기 상호간(Inter)에 록(Lock)을 걸어주는 기능의 회로이다.

예로 주전원과 예비전원으로 구성된 회로에서 두 전원이 동시에 공급되면 안 된다. 따라서 주전원이 공급될 때는 예비전원이 차단되고, 주전원이 정전상태가 되면 예비전원이 공급되도록 구성하는 데 적용된다.

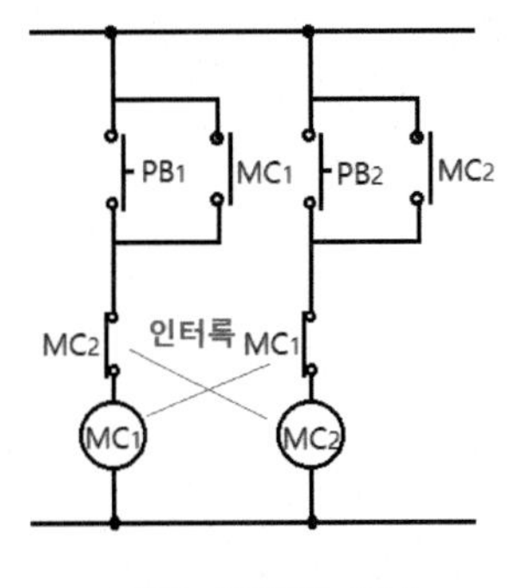

그림. 인터록 회로

7.4 시퀀스 제어회로

시퀀스 회로의 응용으로 가장 널리 사용되는 전동기의 시퀀스 회로와 동작원리 및 동작순서에 대하여 살펴본다.

1) 시퀀스 회로 용어

시퀀스 회로를 해석하는 과정에서 필수적인 용어로는 다음과 같다.

① R(흑색), S(적색), T(청색) : 3상회로
② M(전동기) : 전기(에너지)로 회전력(기계적)을 만들어내는 장치
③ IM(유도전동기) : 기동 시 큰 기동전류로부터 보호하기 위해 작은 전류로 기동시키는 전동기
④ MCCB(배선용차단기) : 열로 인한 선로 손상을 방지하기 위해 차단하는 장치
⑤ THR(열동계전기 49) : 전동기에 과전류로 인한 과부하 시 작동하는 장치
⑥ MC(전자접촉기) : 전자석으로 회로를 개폐시켜주는 장치
⑦ EOCR(전자식 과전류계전기) : 전자식으로 과전류를 차단하는 장치
⑧ F(Fuse) : 단락 및 과부하전류를 차단시키는 장치

2) 전동기

(1) 3상 전동기 기동 · 정지회로

소형 전동기는 기동전류가 작아서 전동기의 조작은 ON 버튼, OFF 버튼으로 기동, 정지시킬 수 있다. 따라서 3상 전동기의 기동회로에 대해 살펴본다.

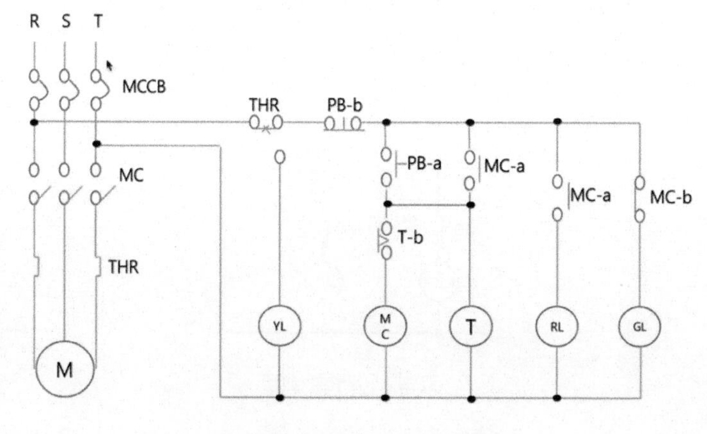

그림. 3상 전동기의 기동회로

★ 시퀀스회로에 의한 전동기 동작순서

① 전원 투입 후 대기

전원을 투입하면 GL(표시램프)이 점등되도록 한다.

② 운전동작

PB-a(전동기 운전용 누름스위치)를 누르면 MC(전자접촉기)가 여자되어 주회로의 전동기M가 기동된다.

- 동시에 MC-a(전자접촉기 보조-a) 접점에 의해 RL(전동기 운전등)도 점등된다.
- 이때 MC-b(전자접촉기 보조-b) 접점은 동시에 떨어져(소자) GL(표시램프)이 소등된다.
- 또한 T(타이머)가 여자되어 타이머 설정시간 후에 T-b(타이머-b) 접점이 떨어지므로 MC(전자접촉기)가 소자되어 전동기가 정지한다. 따라서 모든 접점은 PB-a(전동기 운전용 누름스위치)를 누르기 전의 원래상태로 복귀한다.

③ 정지동작

전동기가 정상운전 중이라도 PB-b(정지용 누름스위치)를 누르면 원래상태(PB-a(전동기 운전용 누름스위치)를 누르기 전)로 복귀한다.

④ 과전류 시

전동기에 과전류가 흐르면 THR-b(열동계전기-b) 접점이 떨어져서 전동기가 정지된다.

- 모든 접점은 PB-a(전동기 운전용 누름스위치)를 누르기 전의 원래상태로 복귀한다.
- 이때 YL(경고등)이 점등된다.

예제 **아래 미완성된 시퀀스 회로를 동작순서 조건에 맞게 완성하시오.**

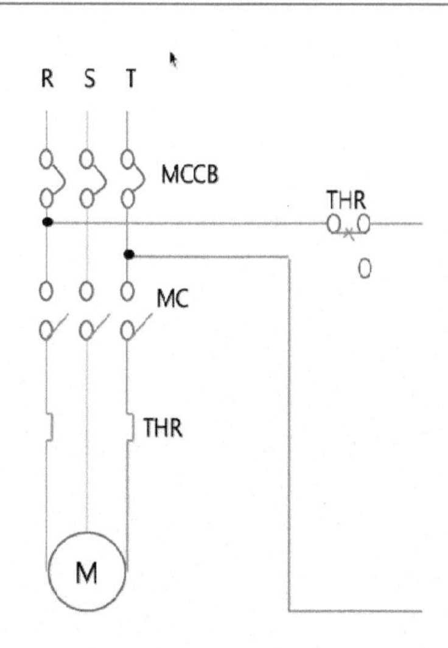

□ 동작순서

① 전원을 투입하면 GL(표시램프)이 점등되도록 한다.

② PB–a(전동기 운전용 누름스위치)를 누르면 MC(전자접촉기)가 여자되어 전동기가 기동된다. 동시에 MC–a(전자접촉기 보조–a) 접점에 의해 RL(전동기 운전등)도 점등된다. 이때 MC–b(전자접촉기 보조–b) 접점에 의해 GL(표시램프)이 소등된다. 또한 T(타이머)가 여자되어 타이머 설정시간 후에 T–b(타이머–b) 접점이 떨어지므로 MC(전자접촉기)가 소자되어 전동기가 정지한다. 따라서 모든 접점은 PB–a(전동기 운전용 누름스위치)를 누르기 전의 원래상태로 복귀한다.

③ 전동기가 정상운전 중이라도 PB–b(정지용 누름스위치)를 누르면 원래상태(PB–a (전동기 운전용 누름스위치)를 누르기 전)로 복귀한다.

④ 전동기에 과전류가 흐르면 THR–b(열동계전기–b) 접점이 떨어져서 전동기가 정지된다. 모든 접점은 PB–a(전동기 운전용 누름스위치)를 누르기 전의 원래상태로 복귀한다. 이때 YL(경고등)이 점등된다.

정답

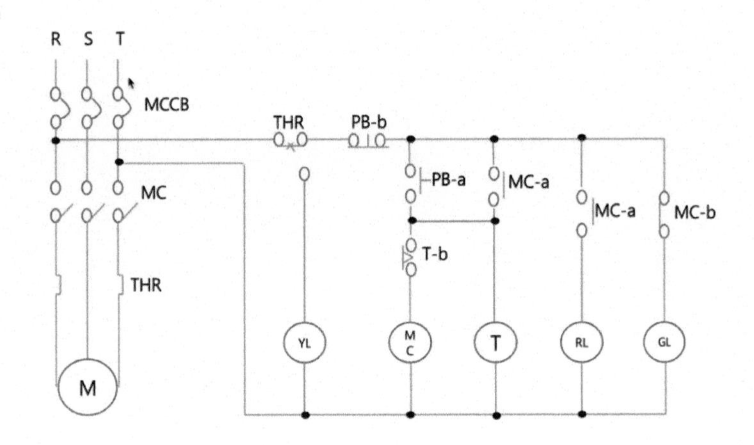

2) 3상유도 전동기

(1) 3상유도 전동기 $Y-\triangle$ 기동회로

MC가 2개로 늘어났다. 이는 전동기를 동작시킬 수 있는 방법이 2가지로 늘러났다는 의미, 유도 전동기의 아래는 Y 결선, 우측에는 $\triangle$ 결선으로 연결한다.

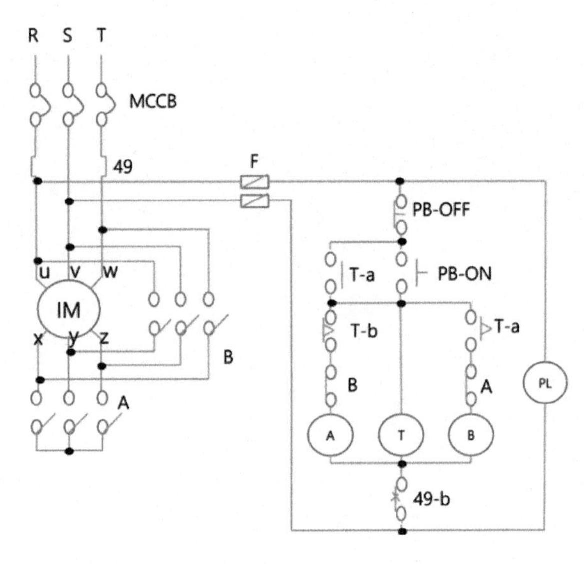

그림. 3상유도 전동기 $Y-\triangle$ 기동회로

★ 3상유도 전동기의 $Y-\Delta$ 기동회로

- 시동은 Y 결선으로
- 운전은 Δ 결선으로

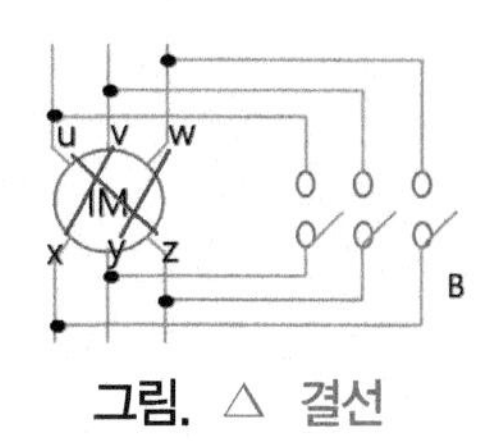

그림. △ 결선

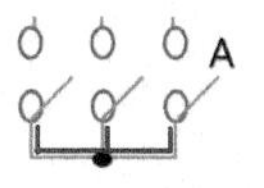

그림. Y 결선

(2) 타이머

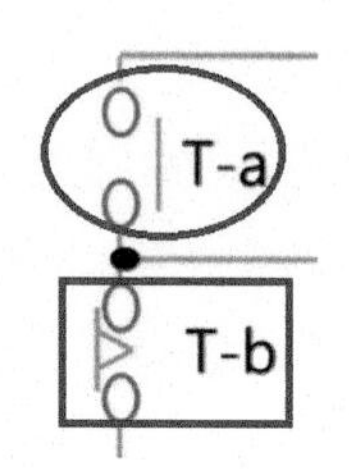

그림. 타이머 기호

★ 타이머 접점 T-a와 T-b의 차이점

구분	T-a 접점	T-b 접점
동작원리	T(타이머)가 동작하면 바로 작동되어 접점이 붙는다.	T(타이머)가 동작하면 T설정시간 후에 작동되어 접점이 떨어진다.

예제 **3상유도 전동기 $Y-\triangle$ 기동회로**

1) $Y-\triangle$ 운전이 가능하도록 주회로와 보조회로의 미완성 부분을 완성하시오(그리시오).
2) MCCB를 투입하면 표시등PL이 점등되도록 도면에 추가하시오.

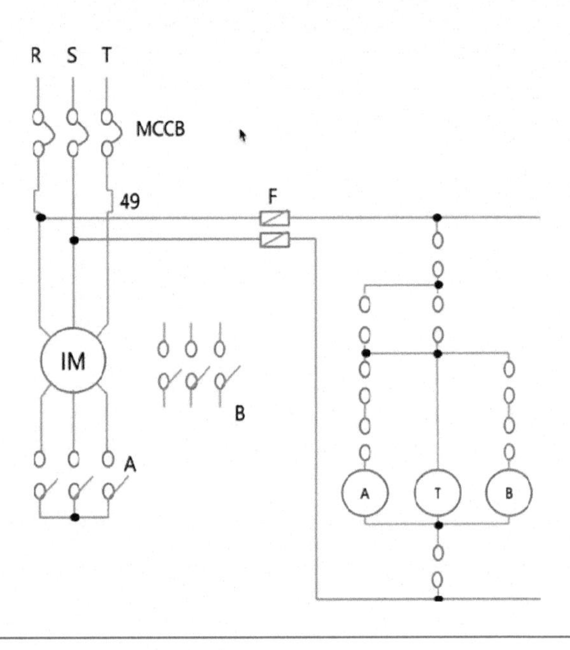

정답

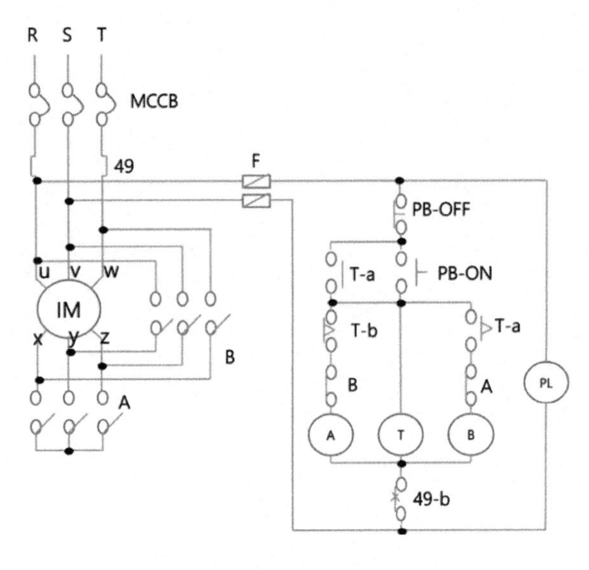

그림. 3상유도 전동기 $Y-\triangle$ 기동회로

예제 자기유지

1) PB-ON 동작 후, X(릴레이)와 T(타이머)가 소자되어도 MC가 동작하도록 시퀀스 회로를 완성하시오.

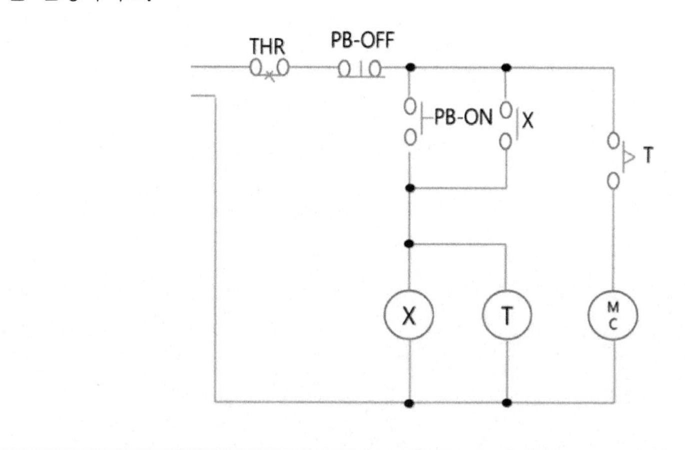

해설 ▫ 주어진 회로 해석 : PB-ON 버튼을 누르면 X(릴레이)가 여자되고 PB-ON 버튼 옆에 있는 X-a 접점도 붙어서 자기유지가 된다. 이때 T(타이머)에 설정된 시간 후에는 T-a 접점이 붙어서 MC(전자접촉기)가 여자된다. 하지만 T의 설정된 시간 이후에 타이머가 꺼지면 T-a 접점이 떨어져 MC(전자접촉기)도 소자된다.

▫ 자기유지 회로

1) MC-b 접점 추가

먼저, PB-ON 버튼에 의해 자기유지 되는 회로를 차단(OFF)시키기 위해 X(릴레이)와 T(타이머) 차단시킬 수 있는 b접점이 필요하다. 즉 타이머에 의해 잠시 동작되고 있는 MC를 소자시키는 MC-b 접점을 X(릴레이)와 T(타이머) 바로 위에 직렬로 삽입시켜야 한다.

2) MC-a 접점 추가

T-a 접점이 붙어서 MC(전자접촉기)가 여자되는 회로에 MC-a 접점을 병렬로 추가하여 MC(전자접촉기)가 여자될 때 MC-a 접점도 붙게 되도록 자기유지 회로를 추가한다. 따라서 타이머 설정 시간 후 T-a접점이 다시 복귀되어 떨어져도 MC-a 접점은 자기유지가 되어 MC(전자접촉기)는 계속 동작한다.

정답

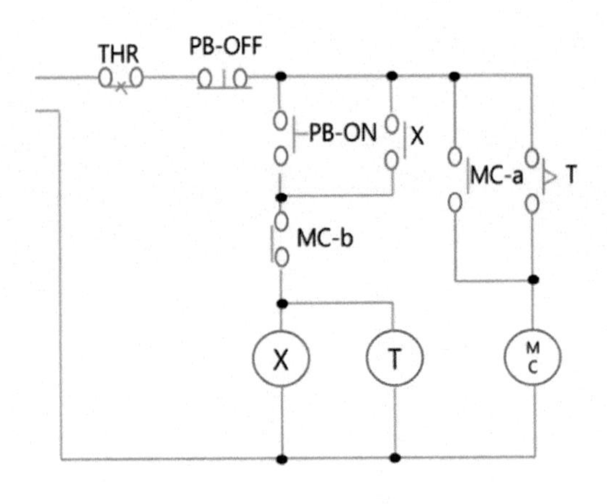

그림. 자기유지 회로도

예제 아래 유접점 회로에 맞게 타임차트를 완성하시오.

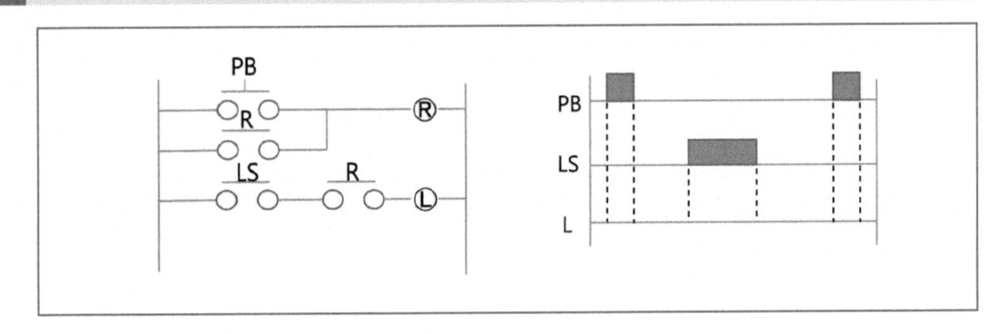

정답

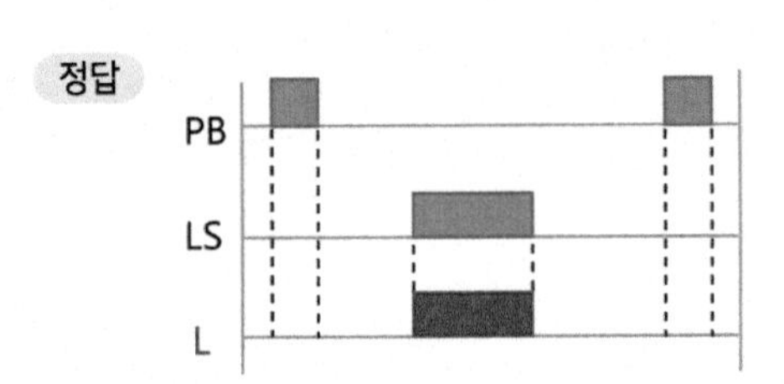

예제 **아래 유접점 회로에 맞게 타임차트를 완성하시오.**

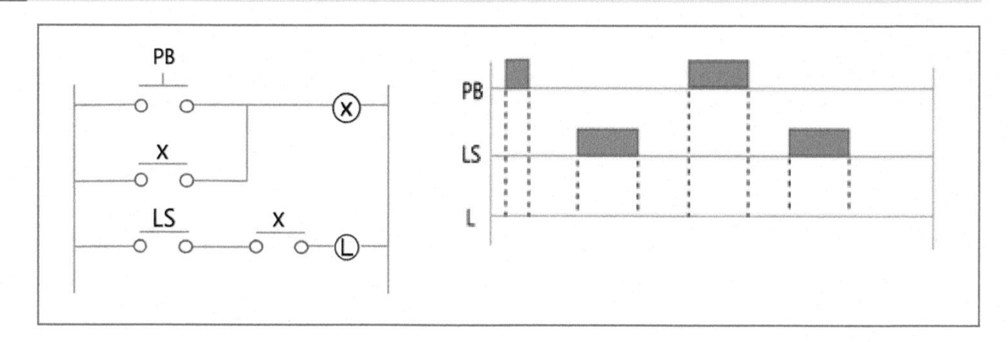

정답

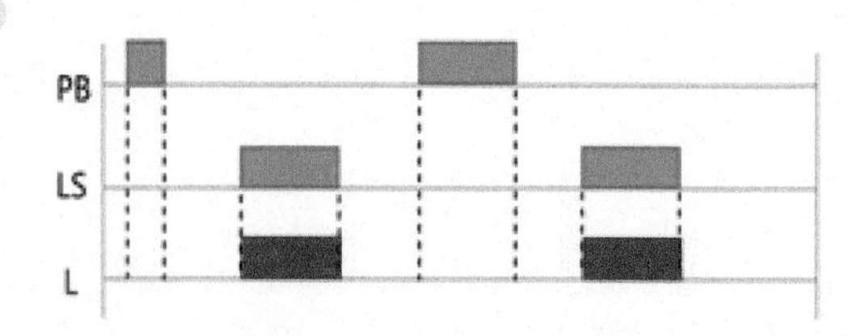

연 · 습 · 문 · 제

01 **미리 정해진 조건에 따라 제어의 각 단계를 차례대로 순차적으로 제어하는 방법에 대한 명칭은?**

① 자동제어 ② 시퀀스제어
③ 종속제어 ④ 불연속제어

정답 ②

02 **시퀀스 제어를 구현하는 방법이 아닌 것은?**

① 전기회로를 구현 ② PLC로 구현
③ 소프트웨어로 구현 ④ 하드웨어 구현

정답 ④

03 **제어요소 중 검출 스위치가 아닌 것은?**

① 리미트 스위치 ② 플로트 스위치
③ 무접점 스위치 ④ 근접 스위치

정답 ③

04 **코일에 전류가 흐르면 자기력이 발생으로 여자되어 접점을 붙도록 하고, 전류가 떨어지면 소자되어 접점이 떨어지는 전자석의 원리를 이용하여 자동으로 계폐시키는 계전기는?**

① 릴레이 ② 무접점 스위치
③ 타이머 ④ 전자접촉기

정답 ①

05 **대용량의 전동기와 같은 전기회로를 개폐하기 위해 사용되는 스위치는?**

① 릴레이 ② 무접점 스위치
③ 타이머 ④ 전자접촉기

정답 ④

06 **과전류로 인한 열 발생에 의해 바이메탈을 작동시키는 제어기기는?**

① 릴레이 ② 열동계전기
③ 타이머 ④ 전자접촉기

정답 ②

07 **전자접촉기와 열동계전기를 결합한 장치는?**

① 전자개폐기 ② 열동계전기
③ 타이머 ④ 전자접촉기

정답 ①

08 **스위치의 ON, OFF을 1, 0의 2진수 부호로 나타내어 일상적인 논리를 대수적으로 표현한 것을 무엇이라 하는가?**

정답 불대수

09 **입력단자(A, B)의 값이 모두 1일 때 출력(X) 값도 1이 되고, 그 외의 경우에는 출력 값은 모두 0이 되는 논리 회로는?**

① 논리합 ② 논리곱
③ 부정논리합 ④ 부정논리곱

정답 ②

10 두 개의 입력이 같으면 1이고, 같지 않으면 0이 되는 논리 회로는?

① AND
② OR
③ XNOR
④ NOR

정답 ③

11 다음의 논리식 중 틀린 것은?

① $(\overline{A}+B)\cdot(A+B)=B$
② $(A+B)\cdot\overline{B}=A\overline{B}$
③ $\overline{AB+A\overline{C}+\overline{A}}=\overline{A}+\overline{B}\overline{C}$
④ $\overline{(\overline{A}+B)+CD}=A\overline{B}(C+D)$

정답 ④

12 그림의 시퀀스(계전기 접점) 회로를 논리식으로 표현하면?

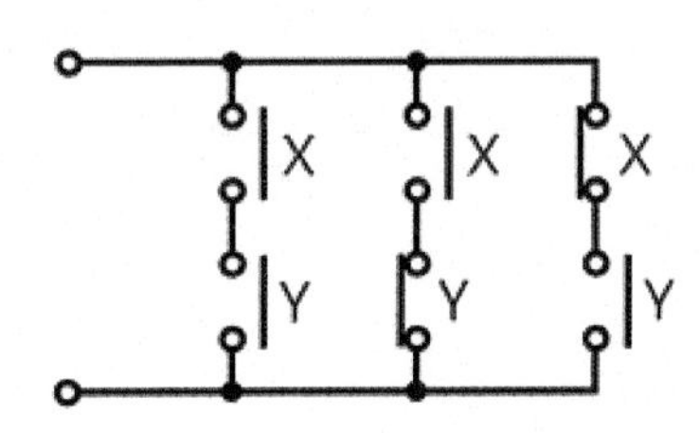

① $X+Y$
② $(XY)+(X\overline{Y})(\overline{X}Y)$
③ $(X+Y)(X+\overline{Y})(\overline{X}+Y)$
④ $(X+Y)+(X+\overline{Y})+(\overline{X}+Y)$

정답 ①

13 시퀀스회로를 논리식으로 표현하면?

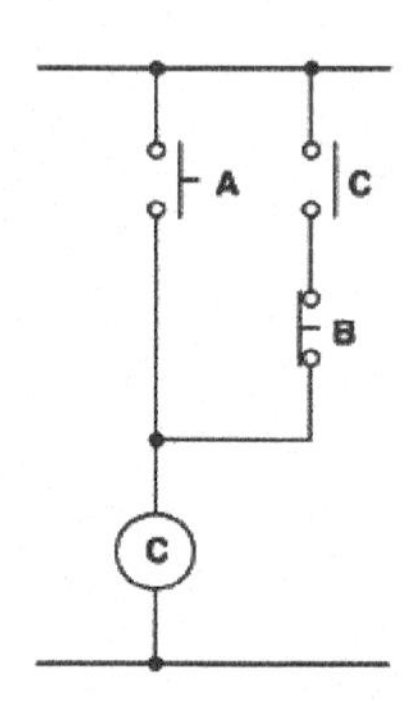

① $C = A + \overline{B} \cdot C$　　② $C = A \cdot \overline{B} + C$

③ $C = A \cdot \overline{B} \cdot C$　　④ $C = A \cdot C + \overline{B} \cdot C$

정답 ①

14 논리식 $(X+Y)(X+\overline{Y})$을 간단히 하면?

① 1　　② XY

③ X　　④ Y

정답 ③

15 두 개의 입력신호 중 한 개의 입력만이 1일 때 출력신호가 1이 되는 논리게이트는?

① EXCUSIVE NOR　　② NAND

③ EXCUSIVE OR　　④ AND

정답 ③

16 그림의 논리회로와 등가인 논리게이트는?

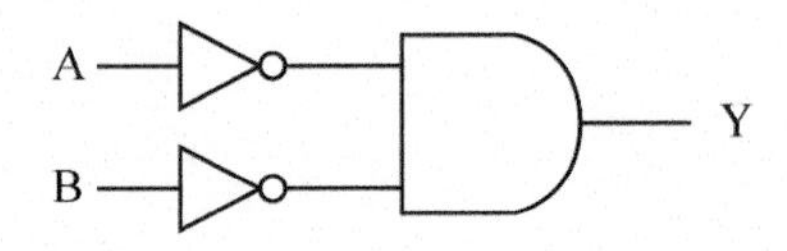

① NOR　　② NAND
③ NOT　　④ OR

정답 ①

17 그림의 논리회로와 등가인 논리게이트는?

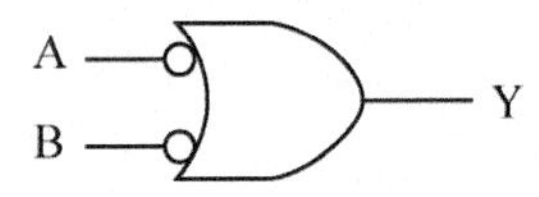

① NOR　　② NAND
③ NOT　　④ OR

정답 ②

18 다음의 논리식을 간소화하시오.

$Y = \overline{(\overline{A} + B) \cdot \overline{B}}$

① $Y = A + B$　　② $Y = \overline{A} + B$
③ $Y = A + \overline{B}$　　④ $Y = \overline{A} + \overline{B}$

정답 ①

19 다음 논리식을 간단히 표현한 것은?

$Y = \overline{A}\,\overline{B}C + A\overline{B}\,\overline{C} + A\overline{B}C$

① $\overline{A} \cdot (B + C)$

② $\overline{B} \cdot (A + C)$

③ $\overline{C} \cdot (A + B)$

④ $C \cdot (A + \overline{B})$

정답 ②

20 다음 논리회로를 간소화시킨 출력 Y은?

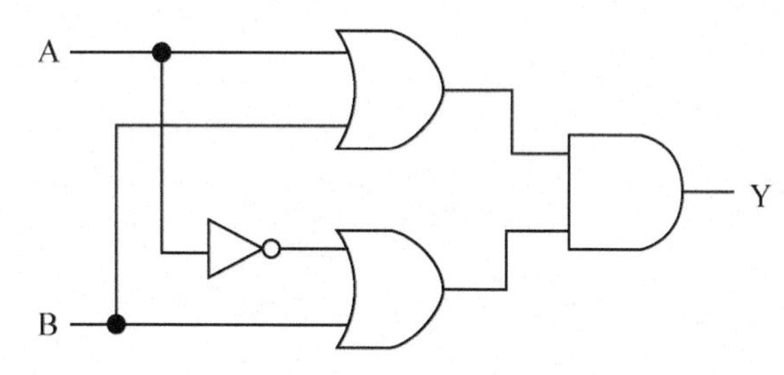

① AB

② A+B

③ A

④ B

정답 ④

CHAPTER 08 반도체 소자

전기기기에 사용되는 반도체 소자로 가장 널리 사용되는 부품에는 다이오드와 트랜지스터가 있다.

- 다이오드는 전류를 흐름을 한 쪽 방향으로만 흐르게 하는 소자이다.
- 다이오드의 동작원리를 이해하기 위해서는 P-N 접합 다이오드의 원리를 이해해야 한다.
- 다이오드는 한 쪽 방향으로 흐르는 전류의 흐름을 ON, OFF 제어할 수 없다. 이를 개선시켜 전류의 흐름을 ON, OFF 제어할 수 있는 반도체 소자가 사이리스터이다.
- 전력용 반도체 소자에는 사이리스터, 전력용 트랜지스터, GTO, MOSFET, IGBT 등이 있다.

그림. 능동소자

8.1 P-N 접합 반도체

P형 반도체와 N형 반도체를 접합시켜 만든 반도체이다.

1) P-N 접합 다이오드

P형 반도체와 N형 반도체를 접합시켜 한쪽 방향으로만 전류가 흐르게 하는 소자이다.
반도체에 가장 기본인 소자이며, BJT 또는 MOSFET 트랜지스터 등도 P-N접합으로 만들어진다.

(1) P-N 접합 다이오드의 구조

원자번호 14번인 실리콘(Si) 결정 내에 한쪽은 3가 불순물로, 반대쪽은 5가 불순물로 도핑시켜 P-N 접합을 만들어 P형 반도채와 N형 반도체가 경계면을 이룬다.

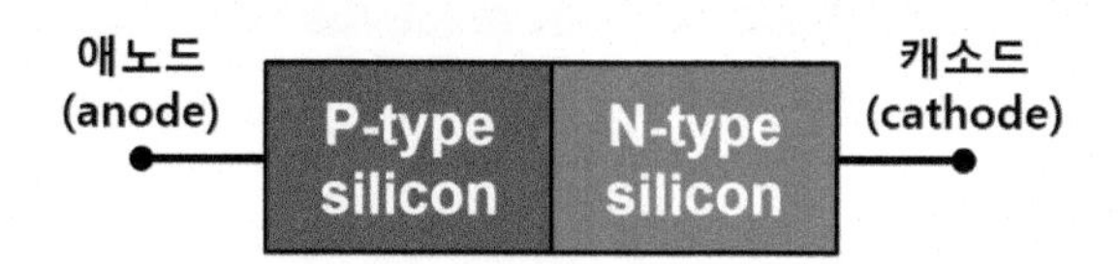

P형 반도체의 단자를 양극(+)인 애노드(Anode)[A], N형 반도체의 단자를 음극(−)인 캐소드(Cathode)[K]라고 부른다.

P형 반도체에는 3가 억셉터 원자가 불순물로 도핑되어 있고, N형 반도체에는 5가 도너 원자가 불순물로 도핑되어 있다.

P형 반도체에는 정공이 다수 캐리어이고 N형 반도체에는 전자가 다수 캐리어이다.

□ 다이오드의 기호

전류는 양극(+)인 애노드(Anode)[A] 단자에서 음극(−)인 캐소드(Cathode)[K] 단자로 흐르며 이를 순방향이라 한다.

그림. 다이오드 기호

□ 다이오드의 종류

- 정류 다이오드 : 정류 작용 역할
- 스위칭 다이오드 : 빠르게 On, Off 변환할 수 있는 역할
- 제너(정전압) 다이오드 : 일정한 정전압을 얻기 위한 역할
- 발광 다이오드 : LED로 순방향으로 전류가 흐를 때 빛을 내는 다이오드
- 포토 다이오드 : 빛을 전기에너지로 변환시켜주는 역할

(2) P-N 접합 다이오드의 동작 원리

P(Positive)형 반도체 영역에는 정공(전자가 없는)이 많고, N(Nagative)형 반도체 영역에는 전자가 많다. P형 반도체와 N형 반도체를 접합시키면 접합면 가까이에 있는 P형의 정공이 N형 영역으로 확산하고, 반대로 N형의 전자는 P형으로 확산한다. 이 과정에서 자유정공과 자유전자가 결

합해서 사라진 중성상태(이온만 존재)인 공핍층(공핍영역 : Depletion Rigion) 만들어진다. 공핍층은 (+)양전하를 가진 정공과 (−)음전하를 가진 전자의 결합을 막는 전위장벽으로 문턱전압이라고 한다.

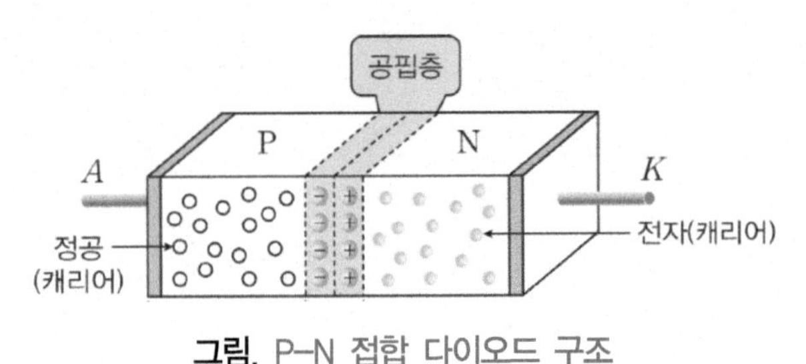

그림. P–N 접합 다이오드 구조

공핍층을 통과하기 위해서는 일정 수준보다 큰 전압(문턱전압 이상)을 인가해야 하며, 이를 바이어스(Bias)라고 한다.

□ PN 접합 다이오드의 바이어스

- 순방향 바이어스 다이오드 : 전원의 +, −를 각각 P형 반도체와 N형 반도체에 연결하면 P형의 정공과 N형의 전자가 압력에 의해 주위 이온과 재결합하게 되어 공핍층이 좁아진다. 따라서 다수의 정공이 공핍층을 통과하여 순방향 전류가 흐른다.
- 역방향 바이어스 다이오드 : 전원의 +, −를 각각 반대 −, +로 P형 반도체와 N형 반도체에 연결하면, 전원의 음극−는 P형의 정공을 끌어 당기고, 전원의 양극+는 N형의 전자를 끌어 당겨서 공핍층이 넓어져서 전류가 못 흐른다.

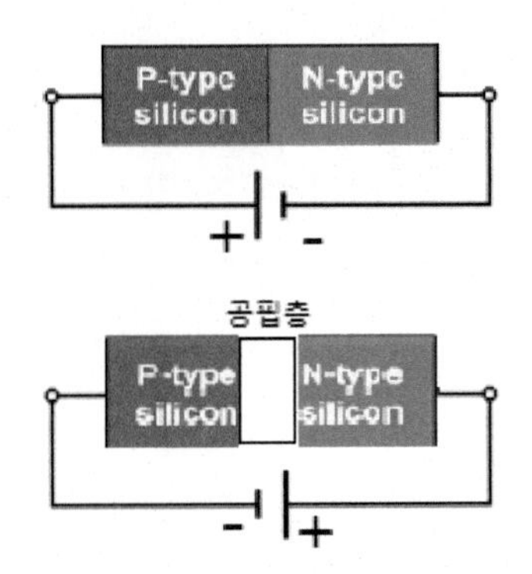

그림. 순방향 및 역방향 바이어스

(3) 정류 회로

다이오드를 이용하여 정류회로를 구성하면 교류전류를 맥동전류로 변환할 수 있다.

다이오드는 교류전류를 직류전류로 변환하는 전기기기의 정류회로(Rectifier Circuit)를 만들 수 있다. 즉, 교류를 받아 직류를 사용해야 하는 기기에 정류회로가 사용된다.

□ 정류 방식

정류 방식에는 반파 정류, 전파 정류 방식으로 구분된다.

- 반파 정류 : 교류파형의 +, − 성분 중에 +쪽만 통과시켜 반파(Half−Wave)만 출력하는 방식이다.
- 전파 정류 : 교류파형의 +, − 성분 중에 +, −쪽 모두 통과시켜 전파(Full-Wave)를 출력하는 방식이다.

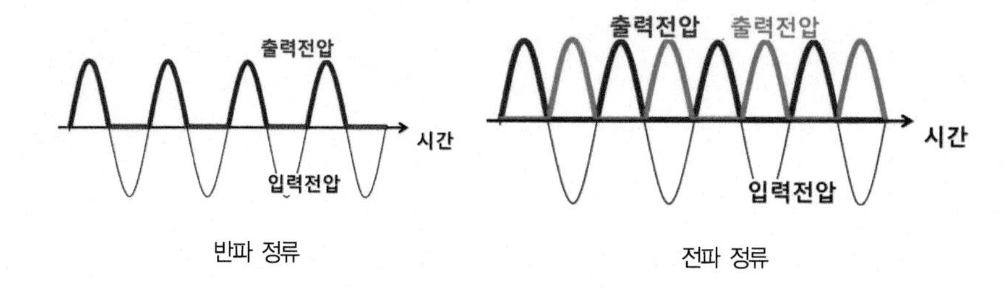

반파 정류　　　　전파 정류

□ 정류 과정

다이오드를 이용한 정류과정에는 두 가지 과정을 거친다.

교류를 다이오드에 통과시키면 반파 또는 전파 형태의 맥동전류로 변환된다. 맥동전류를 좀 더 직류에 가깝게 안정된 직류로 만들기 위해서는 콘덴서를 활용하는 평활과정이 필요하다.

- 평활과정

  평활회로(Smoothing Circuit)는 다이오드에 의해 정류된 맥동전류의 정류전압이 상승할 때는 병렬로 연결한 콘덴서에 전압을 충전하고, 정류전압이 감소할 때는 콘덴서에 충전된 더 큰 충전전압이 부하로 방전되어 맥동전류를 더 평활하게 공급한다. 필터회로를 사용하면 맥동을 제거할 수 있다.

- 맥동률

  맥동률(Ripple Factor)은 정류회로의 부하 양단 평균전압에 대한 교류성분의 실효값의 비를 말한다.

표. 정류기 종류에 따른 주파수 비교

구분	단상 반파	단상 전파	3상 반파	3상 전파
주파수 f	$1f$	$2f$	$3f$	$6f$

예제 **단상 반파 정류회로를 통해 평균 26V의 직류 전압을 출력하는 경우, 정류 다이오드에 인가되는 역방향 최대 전압[V]은? (단, 직류 측에 평활회로(필터)가 없는 정류회로, 다이오드의 순방향 전압은 무시)**

해설 첨두 역전압(PIV)

$$\begin{aligned} \text{PIV[V]} &= \sqrt{2}\,V_r \quad \Leftarrow V_r : \text{실효값} \\ &= \pi(V_{av} + e) \quad \Leftarrow e : \text{전압강하} \end{aligned}$$

$$\therefore \; = 3.14(26+0) = 81.69\,[V]$$

2) 사이리스터

사이리스터(Thyristor)는 전류의 흐름을 임의로 제어할 수 있는 2개의 P-N 접합(P-N-P-N)을 갖는 4층 구조 반도체 소자이다. 다이오드보다 핀이 하나 더 있어서 정(正)방향은 물론 역(逆)방향으로도 전류를 흐르게 할 수 있어 교류를 발생시킬 수 있다.

기능은 전류의 흐름을 제어할 수 있는 작은 전류를 흘려주어 큰 전류의 흐름을 제어할 수 있다. 따라서 용도로는 전력, 램프, 모터, 릴레이 등을 제어하는데 사용된다.

(1) 사이리스터의 종류

- SCR(Silicon Controlled Rectifier Thyristor) : 3단자 사이리스터 중에 가장 일반적인 소자로 단방향이고, ON, OFF을 제어할 수 있는 소호기능이 없다. 직류를 교류로 바꾸는 인버터로 활용된다.
- GTO(Gate Turn of Thyristor) : 단방향이며, 게이터 전류 방향에 대한 ON, OFF 시점을 임의로 제어할 수 있는 소호기능이 있다.
- TRIAC(Triode AC Switch) : 양방향으로 도통이 가능하나, 소호기능은 없다.
- DIAC(Diode for Alternating Current) : 전압이 특정 값에 도달하면 전류를 흐르게하는 소자이다.

즉, 전류가 흐르기 시작하는 전압을 제어할 수 있다.

(2) 사이리스터의 동작원리

Gate가 공급되지 않는 상태에서는 양극에 전압을 인가하더라도 전류가 흐르지 않는다. 하지만 Gate 전압을 가하고 양극에 전압을 인가하면 전류가 흐른다.

전류가 흐른 이후에 Gate 전압을 제거하더라도 사이리스터는 Off되지 않기 때문에 주 회로를 차단해야 전류가 끊기면서 사이리스터가 Off된다.

8.2 전력용 트랜지스터

트랜지스터(Transistor)는 전기신호를 증폭하거나 제어(스위칭)하는데 사용되는 중요한 부품소자이다.

- 구성 : 3개의 전극인 컬렉터, 베이스, 에미터로 이루어져 있다.
- 동작원리 : 베이스에 소전류를 인가하면 컬렉터와 에미터 사이에 대전류가 흘러서 전기신호를 증폭하거나 제어한다.
- 트랜지스터 타입에는 PNP형과 NPN형이 있으며, 전력용 트랜지스터는 주로 NPN형이 사용된다.
  - PNP형 구조 : 베이스가 N형 반도체에, 컬렉터와 이미터가 P형 반도체에 연결되어 있다.
  - NPN형 구조 : 베이스가 P형 반도체에, 컬렉터와 이미터가 N형 반도체에 연결되어 있다.

그림. 트랜지스터

(1) 전력용 MOSFET

전력 MOSFET(Power MOSFET)은 금속 산화물 반도체로 저전압에서 대전류를 개폐하는데 사용되는 반도체 소자다.

(2) 전력용 IGBT

전력용 IGBT(Insulated Gate Bipolar Transistor)은 절연 게이트 바이폴라 트랜지스터로 고전압, 대전류를 제어하는데 사용되는 전력 변환 · 제어 반도체 소자다.

IGBT는 MOSFET의 스위칭 속도와 BJT(Bipolar Junction Transistor)의 저전압 특성을 결합한 것이다. 게이터 전압을 제어하여 전류의 흐름을 조절함으로서 전력손실을 최소화한다.

(3) 전력 변환장치

전기기기도 다양하며 또한 전기에너지(전력)의 형태도 다양하다. 따라서 다양한 기기에 다양한 형태의 전기에너지를 공급해야하므로 전력 변환장치가 필요하다.

★ 전력 변환장치의 종류

- 정류기(Rectifier)

  교류(AC)를 직류(DC)로 변환시키는 장치이다.

  일명 컨버터(Converter)라고도 부른다.

- 인버터(Inverter)

  직류(DC)를 교류(AC)로 변환시키는 장치이다.

  즉, 직류를 전동기가 요구하는 진폭과 주파수를 가진 교류로 변환시킬 수 있다.

- 초퍼(Chopper)

  직류(DC)를 다른 직류(DC)로 변환시키는 장치이다.

  즉, 직류를 승압(Boost) 또는 감압(Buck)시켜 다른 직류로 변환시켜준다.

  일명 DC 컨버터(Converter)라고도 부른다.

- AC 컨버터

  교류를 다른 교류로 변환시킬 수 있다.

  즉, 교류의 진폭과 주파수를 변환시켜주는 장치이다.

연 · 습 · 문 · 제

01 **전기기기에 사용되는 반도체 소자로 가장 널리 사용되는 부품의 종류 2가지를 쓰시오.**

정답 다이오드, 트랜지스터

02 **전류를 흐름을 한 쪽 방향으로만 흐르게 하는 소자는?**

① 다이오드 ② 트랜지스터
③ 증폭기 ④ 서미스터

정답 ①

03 **전기신호를 증폭하거나 제어(스위칭)하는데 사용되는 중요한 부품소자는?**

① 사이리스터 ② 트랜지스터
③ GTO ④ 제너다이오드

정답 ②

04 **다음 중 전력용 반도체 소자가 아닌 것은?**

① 사이리스터 ② 전력용 트랜지스터
③ GTO ④ 제너다이오드

정답 ④

05 **다음 다이오드의 종류 중 기능이 올바르지 않은 것은?**

① 스위칭 다이오드 : 빠르게 On, Off 변환할 수 있는 역할
② 제너(정전압) 다이오드 : 일정한 정전압을 얻기 위한 역할
③ 발광 다이오드 : LED로 순방향으로 전류가 흐를 때 빛을 내는 다이오드
④ 포토 다이오드 : 전기를 빛으로 변환시켜주는 역할

정답 ④

06 **PN 접합 다이오드의 바이어스를 역방향으로 걸어주면 생기는 분리 층의 명칭은?**

정답 공핍층

07 **빛이 닿으면 전류가 흐르는 다이오드로서 들어온 빛에 대해 직선적으로 전류가 증가하는 다이오드는?**

① 제너다이오드
② 터널다이오드
③ 발광다이오드
④ 포토다이오드

정답 ④

08 **전류의 흐름을 제어할 수 있는 작은 전류를 흘려주어 큰 전류의 흐름을 제어할 수 있어서 전력, 램프, 모터, 릴레이 등을 제어하는데 사용되는 반도체 소자의 명칭은?**

① 사이리스터
② 전력용 트랜지스터
③ GTO
④ 제너다이오드

정답 ①

09 **사이리스터의 종류가 아닌 것은?**

① SCR
② DIAC
③ TRIAC
④ DIODE

정답 ④

10 **다음 중 단방향성 전력용 반도체 소자가 아닌 것은?**

① SCR　② IGBT
③ TRIAC　④ DIODE

정답 ③

11 **단방향 대전류의 전력용 스위칭 소자로서 교류의 위상 제어용으로 사용되는 정류소자는?**

① 서미스터　② SCR
③ 제너다이오드　④ UJT

정답 ②

12 **그림과 같은 다이오드 회로에서 출력전압 V_0는? (단, 다이오드의 전압강하는 무시한다.)**

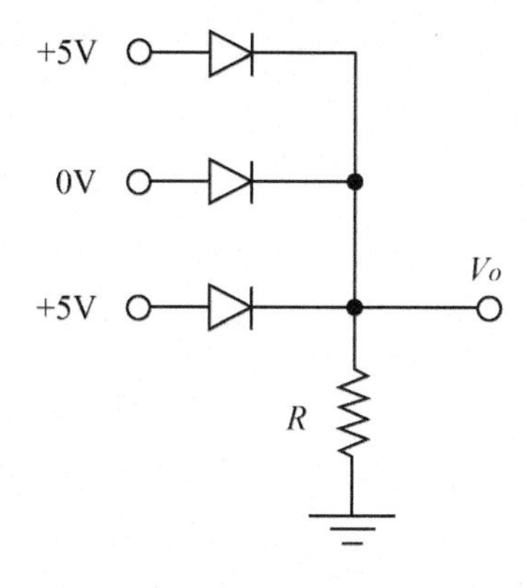

① 10[V]　② 5[V]
③ 1[V]　④ 0[V]

정답 ②

13 **다음 소자 중에서 온도 보상용으로 쓰이는 것은?**

① 서미스터　　② 바리스터
③ 제너다이오드　　④ 터널다이오드

정답 ①

14 **반도체를 이용한 화재감지기 중 서미스터(Thermistor)는 무엇을 측정하기 위한 반도체 소자인가?**

① 온도　　② 연기 농도
③ 가스 농도　　④ 불꽃의 스펙트럼 강도

정답 ①

15 **그림과 같은 정류회로에서 R에 걸리는 전압의 최대값[V]은? (단, $v_2(t) = 20\sqrt{2}\sin\omega t$)**

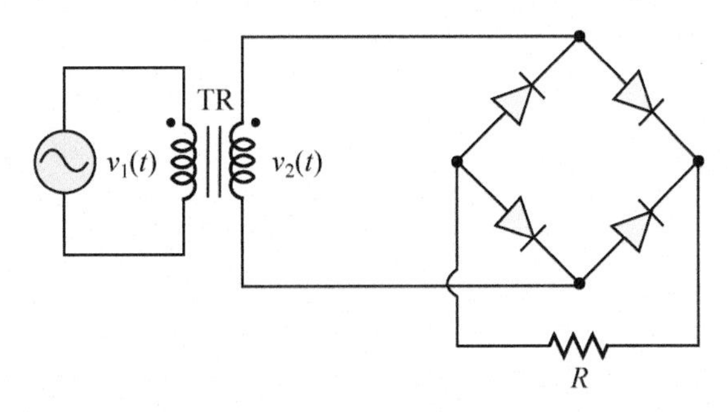

① 20　　② $20\sqrt{2}$
③ 40　　④ $40\sqrt{2}$

정답 ②

16 **전력 변환장치의 종류가 아닌 것은?**

① 컨버터 ② 인덕터
③ 초퍼 ④ 인버터

정답 ②

17 **교류(AC)를 직류(DC)로 변환시키는 장치는?**

① 컨버터 ② 인덕터
③ 초퍼 ④ 인버터

정답 ①

18 **직류(DC)를 교류(AC)로 변환시키는 장치는?**

① 컨버터 ② 인덕터
③ 초퍼 ④ 인버터

정답 ④

CHAPTER 09

전기기기

본 장에서 다루고자 하는 전기기기의 작동시키는 핵심 원리인 기전력에 대해 먼저 다루고 전동기, 발전기, 변압기에 대해 살펴본다.

9.1 기전력

기전력(Electromotive Force : EMF)이란? 도체 내의 전위차에 의해 전하를 이동시켜 전류를 흐르게 하는 힘을 말한다.

- 배터리와 같은 전원공급 장치에 의해 생성된 전압이다.
  예로, 전하 Q $1[C]$에 $1[J]$의 일 W을 시키기 위해서는 전압 V $1[V]$가 필요하다.

$$W = Q \cdot V\ [J] \qquad \text{or} \qquad V = \frac{W}{Q}\ [V]$$

□ 유기기전력(Induced EMF)은 자기에너지를 변화시키면 발생되는 전압이다. 즉, 에너지가 변화될 때 변화를 방해하는 방향으로 기전력이 유기된다.

- 실험 : 자석을 코일의 가까이 가져가면 자석을 반대 방향으로 밀어내고, 반대로 자석을 코일로부터 멀어지게 하면 자석을 당기는 힘이 발생한다. 이를 유기기전력이라고 한다.

□ 역기전력(Counter EMF)은 유기기전력과 같으나 발생되는 기전력의 방향이 공급전원과 반대 방향으로 발생하여 역(逆)기전력이라 한다.

□ 전자유도법칙이란? 기전력이 발생되는 원리로 주요 전기기기인 발전기, 변압기, 전동기(DC/AC 모터) 등에 이용된다.

★ 발전기 : 회전력 투입 ⇒ 유기기전력 발생 ⇒ 전원 발생

★ DC전동기 : 전원 투입 ⇒ 역기전력 발생 ⇒ 회전력 발생

9.2 전동기

전동기는 전기에너지를 기계(운동)에너지로 변환하는 장치이다.
전원공급 방식에 따라 직류 전동기와 교류전동기로 구분된다.
역으로 발전기는 회전운동을 전기에너지로 변환하는 장치이다.

1) 직류전동기

직류전동기(Direct Current Motor)는 직류전원을 사용하는 전동기로 모터를 말한다.
전기자에 흐르는 전류의 방향을 전환시켜 회전자를 반시계 방향으로 회전운동하게 만든다.

(1) 직류전동기의 동작 원리

전동기에는 플레밍의 왼손법칙이 적용된다.
플레밍의 왼손법칙은 왼손의 검지 방향으로 자속이 형성B될 때 중지 방향의 도체에 전류I를 인가하면 엄지 방향으로 힘F이 작용하는 원리이다. 이 원리가 전동기에 그대로 적용된다.

□ 전동기의 동작 원리

N극과 S극 사이에 수직으로 놓인 도체에 전류를 인가하면 자기장과 전류에 의해 수직 방향으로 힘(전자력)이 발생된다. 또한 전기자에 흐르는 전류의 방향을 바꿔주면 회전자 코일의 자극이 반대로 전환되므로 같은 방향으로 계속 회전하게 된다.

전동기에서 발생하는 전자력F는 다음과 같다.

$F = BIlN\ [N]$

여기서 N : 코일을 감은 횟수

회전자에 작용하는 화전력 토크τ은 다음과 같다.

$\tau = Fr\ [Nm]$

여기서 r : 회전자 반지름

(2) 직류전동기의 구조

전동기는 고정자, 회전자, 정류자, 브러시 등으로 구성되어 있다.

□ 회전자

전기자라고도 하며 전기자 철심, 전기자 권선, 정류자로 구성되어 교류 기자력을 유도시킨다. 전기자 철심의 규소강판 재질로 성층하여 맴돌이 전류손과 히스테리시스 철손을 방지시킨다. 회전자의 있는 여러 개의 홈에는 코일이 삽입되어 있다. 이 코일의 양단에는 회전자에 고정되어 있는 원형의 정류자와 연결되어 있다. 정류자에는 회전자의 코일에 전류를 공급해주는 브러시가 붙어 있다.

□ 고정자

계자라고도 하며 계철(프레임), 계자권선, 계자철심, 자극편으로 구성되어 자기력을 발생시킨다.

□ 정류자

회전자에서 유도된 교류 기전력을 직류로 변환시켜주는 기능으로 사용된다.

□ 브러시

외부회로와 전기자의 구리선을 연결해준다. 적당한 접촉저항과 마모성에 대해 우수한 탄소 또는 금속 흑연이 사용된다.

★ 직류전동기의 특징

- 구동이 용이
- 토크, 속도 조절 용이
- 소형화 가능
- 저렴
- 우수한 제어성

★ 브러시 유무로 전동기 구분

□ 브러시 DC 모터 : 직류 전동기

회전자의 회전방향 유지를 위해 전기자에 흐르는 전류의 방향을 전환하기 위해 브러시와 정류자를 사용한다.

□ 브러시리스 DC 모터 : 교류 전동기

교류전원이므로 브러시와 정류자 없이 전자회로를 사용하여 전기자에 흐르는 전류의 방향을 전환한다.

9.3 교류 전동기

교류 전동기는 교류 전원을 사용하여 전기에너지를 기계적 에너지로 변환시키는 전동기이다. 교류전동기의 종류에는 유도전동기(비동기전동기)와 동기전동기로 구분된다.

1) 유도전동기

유도 전동기란? 회전자계에 의해 회전자가 회전하는 전동기를 말한다.
니콜라 테슬라가 발명한 모터로 산업 모터의 대부분이 유도 전동기를 사용하고 있다.
유도 전동기는 고정자와 회전자로 구성되어 있다.

그림. 3상 유도전동기(외부, 내부)

(1) 유도전동기 분류

□ **권선형 유도전동기**

회전자 철심에 3상 권선을 감은 2차 권선을 고정자 권선처럼 도선으로 권선한 구조의 전동기이다. 2차 권선의 단자는 슬립링과 브러시에 연결한다.

- 특징
  ① 외부저항의 조절로 속도 조절이 쉽다.
  ② 기동토크는 크고, 기동전류는 작다.

□ **농형 유도전동기**

회전자 철심에 구리 또는 알루미늄 등의 도체를 감아 2차 권선으로 만들고 도체의 양단을 단락시킨 구조의 전동기이다. 따라서 슬립링과 브러시가 필요 없다.

- 특징

① 외부저항을 조절할 수 없으므로 주파수 변환장치 또는 폴 변경 방식등의 별도의 기동법으로 속도를 제어한다.

② 구조가 간단하고 견고하다.

③ 슬립링이나 쇼트스위치가 필요 없다.

(2) 유도전동기 동작원리

구리 또는 알루미늄으로 만든 아라고 원판을 중심축을 중심으로 회전할 수 있도록 만든다. 영구자석을 원판의 주변을 따라 회전하게 만든 후, 자석을 회전시키면 전자유도작용에 의해 원판도 자석의 회전방향과 동일하게 회전한다.

자석을 빠르게 회전시키면 원판의 일부가 자속을 차단하여 기전력이 발생되고 와전류가 흐른다. 이 전류가 흐르는 원판부분에 전자력이 발생하고 원판은 자석이 이동하는 방향으로 이끌려서 회전하게 된다.

즉, 원통 도체는 자석의 회전방향을 따라 회전한다.

□ 회전 자기장

회전 자기장이란? 고정자 철심에 감겨진 권선에 3상 교류전원을 인가하면 발생하는 자기장을 말한다.

실제 전동기에서 자석을 회전시켜 큰 동력을 얻기는 어렵다 따라서 자석이 기계적이 아닌 전기적으로 회전하는 회전 자기장이 필요하다.

회전 자기장의 회전수 n

회전수 $n = f \times 60\,[Hz]$

□ 회전수 및 슬립

- 무부하 상태에서 속도가 빨라지면 회전 자기장과 동기속도의 속도차가 줄어들어 도체를 관통하는 자속수가 줄어든다. 때문에 회전자의 유도 전류가 줄어 토크도 감소한다.
- 부하 상태에서 속도가 느려지면 회전 자기장과 동기속도의 속도차가 커져 도체를 관통하는 자속수가 늘어난다. 때문에 회전자의 유도 전류가 증가하여 토크도 증가한다.

고로, 전동기의 토크를 증가시키기 위해서는 회전자 속도가 동기속도보다 적은 회전수이여야 한다.

□ **슬립이란?** 유도전동기의 회전속도(회전자 속도)와 동기속도(회전자계 속도)의 차를 백분율로 나타낸 것을 말한다.

★ 슬립 $s = \frac{n_s - n}{n_s}$

여기서 n : 회전자 속도

n_s : 동기속도

□ **동기속도**

고정자 철심의 홈을 늘리고 홈에 감는 코일 수를 늘려서 회전 자기장의 극수P를 증가시킬 수 있다.

교류전원에서 회전 자기장은 1주기에는 $\frac{2}{P}$, 1초 동안에는 $\frac{2f}{P}\,[rps]$ 만큼 회전된다.

★ 동기속도 $n_s = \frac{2f}{P} \times 60\,[Hz] = \frac{120f}{P}\,[rpm]$

따라서 동기속도는 주파수에 비례하고 극수에 반비례한다.

★ 회전속도 $n = n_s(1-s) = \frac{120f}{P}(1-s)$

(3) 유도전동기의 기동법

단상 전원은 자속이 양쪽으로 번갈아 가면서 발생하는 교번자계이므로 회전되도록 하는 별도의 기동장치가 필요하다.

- 직입(전전압) 기동법
- $Y-\Delta$ 기동법
- 리액터 기동법

★ **교류 전동기의 특징**

- 구조가 간단
- 유지보수 용이
- 고효율
- 대용량 가능

2) 동기전동기

동기전동기란? 정상 상태의 운전이 회전자계의 회전속도와 동일한 속도로 회전하는 전동기를 말한다.

일정한 전류를 공급하기 위해 슬립링(Slip Ring)이 필요하다.

회전자에 같은 극이 인가되므로 자극의 방향은 불변이다.

★ 동기전동기의 동기회전속도 $N_s = \frac{120f}{P} [rpm]$

□ 동기전동기의 특징

- 속도가 일정하다.
- 효율이 좋다
- 역률을 조정할 수 있다.
- 기계적으로 튼튼하다
- 공극이 크다.
- 기동토크가 작다.
- 속도 제어가 어렵다.
- 난조가 발생하기 쉽다.
- 직류 여자가 필요하다.

예제 **극수가 6이고, 주파수가 $60[Hz]$인 동기전동기의 동기속도는?**

해설 $N_s = \frac{120f}{P} = \frac{120 \times 60}{6} = 1200 [rpm]$

□ 전동기의 종류

분상 기동형, 반발 기동형, 콘덴서 기동형, 쉐이딩 코일형 등으로 단상 전원과 3상 전원을 공급하는 전동기로 나눈다.

★ 전동기의 기동토크 크기비교

반발기동형 > 반발유도형 > 콘덴서기동형 > 분상기동형 > 세이딩코일형 > 모노사이클릭형

9.4 변압기

변압기(Transformer)란? 교류전원(전압 및 전류) 공급 시 발생하는 전자기유도원리를 이용하여 교류전압을 변환(변성)해주는 역할의 기기이다.

본 장에서는 변압기의 구조 및 원리, 종류 및 특징에 대해 살펴본다.

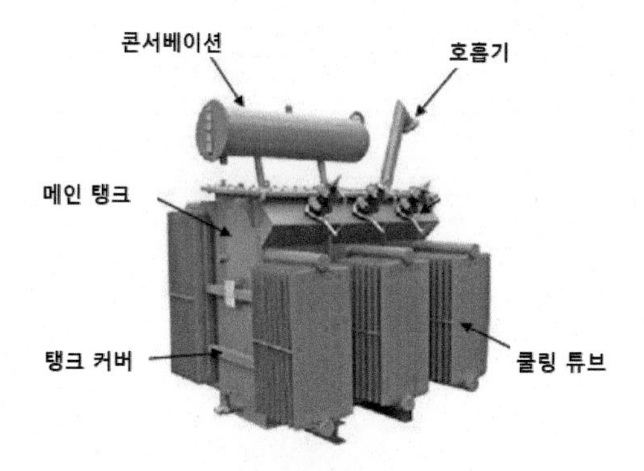

그림. 산업용 변압기

그림. 주상 변압기

1) 변압기 구조 및 동작원리

(1) 구조

변압기의 구조는 철심에 코일이 감겨진(권선) 형태이다.

철심으로는 규소 강판 또는 비정질 금속이 사용된다.

그림. 규소 강판

권선으로는 구리선 또는 알루미늄선이 사용된다.

그림. 에나멜 코일

(2) 동작원리

변압기의 원리는 한 쪽(1 차측) 코일(전기회로)에 전류를 흘리면 코일 주변에 자기장이 형성되어 철심(자기회로)을 통해 반대편의 철심으로 자속이 이동한다. 이 변화하는 자속이 철심에 감긴 코일(2차측)에 다시 전류를 유도하는 원리이다.

- 도선에 흐르는 전류를 변화시키면(교류) 자기장이 형성된다.
- 도선 주위에 자기장이 형성되면 전류가 유도된다.

□ 페러데이의 전자유도법칙

유기기전력 $e = -N\dfrac{d\phi}{dt}$

여기서 N : 권선수

$d\phi$: 자속의 미소 변화

dt : 시간의 미소 변화

□ 렌츠의 법칙 : 유도 기전력의 방향은 변화하는 자속을 상쇄시키는 반대방향(−)으로 나타난다.

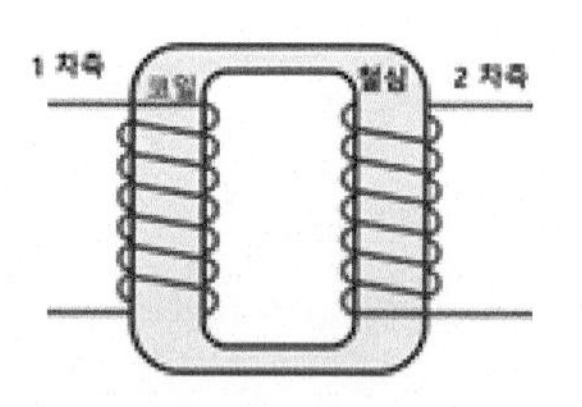

그림. 변압기 구조

변압기에 감아준 1차, 2차측 코일의 권선비(변압비)에 따라 전압 변환을 승압시키거나 감압시킬 수 있다.

★ 권수비(권선비) $a = \dfrac{N_1}{N_2} = \dfrac{V_1}{V_2} = \dfrac{I_2}{I_1} = \sqrt{\dfrac{Z_1}{Z_2}}$

- 승압

  변압기에 공급되는 1차측 전압보다 변압기를 통과한 2차측 전압이 더 높게 변성된 경우

  $V_1 < V_2$

- 감압

  변압기에 공급되는 1차측 전압보다 변압기를 통과한 2차측 전압이 더 낮게 변성된 경우

  $V_1 > V_2$

□ 전압의 구분

발전소에서 송전되는 전압은 여러 차례의 변압기를 이용한 변성과정을 거쳐 공장과 집 등에서 사용되어 진다.

- 발전소의 발전전압은 약 $11,000\,[V]$ 즉, $11\,[kV]$이다.
- 발전전압은 첫 변전소로 송전되어 약 $765,000\,[V]$ 즉, $765\,[kV]$로 승압(변성)시킨다.

- 지역의 송전소에서는 약 154,000 $[V]$ 즉, 154 $[kV]$로 강압(변성)시킨다.
- 시내의 변전소에서 약 22,900 $[V]$ 즉, 22.9 $[kV]$로 다시 강압(변성)시켜 전주로 보내진다.
- 전주의 주상변압기에서 강압되어 집으로 들어온다.

예제 **변압기의 권수비가 30 : 1일 때, 2차 측 전압이 220 $[V]$라면 변압기의 1차 측 전압$[V]$을 구하시오.**

해설 □ 권수비 $a = \frac{N_1}{N_2} = \frac{V_1}{V_2}$ 에서

$$\frac{30}{1} = \frac{V_1}{220\,[V]}$$

$$\therefore\ V_1 = 30 \times 220\,[V] = 6600\ [V]$$

예제 **변압기의 권수비가 30 : 1일 때, 1차 측 전류가 200 $[A]$라면 변압기의 2차 측 전류$[A]$를 구하시오.**

해설 □ 권수비 $a = \frac{N_1}{N_2} = \frac{I_2}{I_1}$ 에서

$$\frac{30}{1} = \frac{200\,[A]}{I_2\,[A]}$$

$$\therefore\ I_2 = \frac{200\,[A]}{30} = 6.67\ [A]$$

2) 변압기 특성

(1) 변압기의 정격용량

정격용량은 2차 측 단자에서의 전압과 전류의 곱인 피상전력으로 나타낸다.

★ 피상전력 $P_a = VI\ \ [VA]$

예제 **변압기의 권수비가 $30:1$일 때, 2차 측 정격 전압 및 전류가 각각 $220\,[V]$, $10\,[A]$이라면 변압기의 정격용량을 구하시오.**

해설 $P_a = VI\ \ [VA]$

$= 220\,[V] \times 10\,[A] = 2200\,[VA]$

(2) 변압기 손실

손실에는 철손과 동손이 있다. 철손은 변압기의 철심에 의한 손실이고, 동손은 철심을 감은 코일(구리선)에 의한 손실을 말한다.

변압기의 손실은 부하의 유무에 따라 부하손과 무부하손으로 구분된다.

- 무부하손 : 변압기에 부하를 걸지 않을 때, 부하전류와 관계없이 전압만 인가해도 발생하는 손실을 말한다. 철손
- 부하손 : 변압기에 부하를 걸었을 때, 부하전류와 관계있는 손실을 말한다.
  동손(권선의 저항손+도체 내의 와류손)이 있다.

(3) 변압기 보호장치

□ 전기적 보호장치

- 비율차동계전기 : 입력 전류와 출력 전류 사이의 전류차가 일정비율 이상이 되면 동작하는 계전기로 주변압기의 내부고장으로부터 보호해주는 장치이다.
- 과전류계전기 : 과전류 시 동작하는 계전기로 외부고장, 접지사고로부터 보호해주는 장치이다.

□ 기계적 보호장치

- 부흐홀쯔계전기 : 권선의 소손이나 단락을 인하여 발생하는 절연유 분해가스나 절연유의 흐름을 감지해서 동작하는 계전기이다.
- 충격압력계전기 : 내부고장 때문에 발생하는 가스로 인해 내부 가스압이나 유압이 급격히 높아질 때 동작하는 계전기이다.

(4) 변압기 효율

변압기의 효율에는 실측 효율과 규약 효율이 있다.

□ **실측효율**

실측 효율은 입력 전력과 출력 전력을 각각 측정해서 백분율의 비로 나타낸 것이다.

실측 효율 : $\eta = \dfrac{\text{출력 전력}}{\text{입력 전력}} \times 100\,[\%]$

□ **규약효율**

규약 효율은 출력 전력만 측정하고 입력은 출력과 손실을 더해서 백분율의 비로 나타낸 것이다.

★ 시험에서는 대부분 규약 효율을 출제한다.

규약 효율 : $\eta = \dfrac{\text{출력}}{\text{출력} + \text{손실}} \times 100\,[\%] = \dfrac{mP_a\cos\theta}{mP_a\cos\theta + P_i + m^2P_c} \times 100\,[\%]$

여기서 m : 부하율

손실(P_l) = 철손(P_i) + 동손(P_c)

동손 : $P_c = I^2R$

□ **전일 효율**

전일 효율은 변압기가 하루 동안에 시간에 따라 부하율과 출력이 다를 경우 이를 평균해서 하루 전체에 대한 평균 효율로 나타낸 것이다.

전일 효율 : $\eta = \dfrac{mnP_a\cos\theta}{mnP_a\cos\theta + 24P_i + m^2nP_c} \times 100\,[\%]$

여기서 n : 시간

★ 철손은 부하와 관계없이 24시간 동안 고정손이다.

예제 **출력** $10\,[kVA]$**, 정격 전압에서의 철손이** $85\,[W]$**, 뒤진 역률** 0.8**,** $\frac{3}{4}$ **부하에서 효율이 가장 큰 단상 변압기가 있다. 역률이 1일 때 최대 효율은?**

해설 최대 효율의 조건 : 철손(P_i)과 동손(I^2R)이 같을 때이다.

$P_i = I^2R = m^2P_c$

$$\text{규약 효율 } \eta = \frac{\text{출력}}{\text{출력}+\text{손실}} \times 100\,[\%] = \frac{mP_a\cos\theta}{mP_a\cos\theta + P_i + m^2P_c} \times 100\,[\%]$$

$$= \frac{\frac{3}{4}\times 10 \times 10^3 \times 1}{\frac{3}{4}\times 10\times 10^3 \times 1 + 85 + 85} \times 100\,[\%] = 97.8\,[\%]$$

예제 **출력** $50\,[kVA]$**, 전부하의 동손이** $1200\,[W]$**, 무부하손** $800\,[W]$**인 단상 변압기의 부하 역률** $80\,[\%]$**에 대한, 전부하 효율은?**

해설 전부하 $m=1$이므로

$$\text{규약 효율 } \eta = \frac{mP_a\cos\theta}{mP_a\cos\theta + P_i + m^2P_c} \times 100\,[\%] = \frac{P_a\cos\theta}{P_a\cos\theta + P_i + P_c} \times 100\,[\%]$$

$$= \frac{50\times 10^3 \times 0.8}{50\times 10^3 \times 0.8 + 800 + 1200} \times 100\,[\%]$$

$\therefore\ = 95.24\,[\%]$

연 · 습 · 문 · 제

01 **직류전동기의 원리에 적용되는 법칙은?**

① 페러데이의 법칙　② 렌츠의 법칙
③ 플레밍의 왼손법칙　④ 플레밍의 오른손법칙

정답 ③

02 **발전기의 원리에 적용되는 법칙은?**

① 페러데이의 법칙　② 렌츠의 법칙
③ 플레밍의 왼손법칙　④ 플레밍의 오른손법칙

정답 ④

03 **자석을 코일에 가까이 가져가면 자석을 반대 방향으로 밀어내고, 반대로 자석을 코일로부터 멀어지게 하면 자석을 당기는 힘이 발생하는 것을 무엇이라 하는가?**

① 반발기전력　② 유기기전력
③ 인력기전력　④ 척력기전력

정답 ②

04 **절연저항을 측정하는 계측기는?**

① 전류계　② 전위차계
③ 메거　④ 휘트스톤브리지

정답 ③

05 측정기의 지시값을 M, 참값을 T라 할 때 보정률(%)은?

① $\frac{T-M}{M} \times 100\%$　　② $\frac{M}{M-T} \times 100\%$

③ $\frac{T-M}{T} \times 100\%$　　④ $\frac{T}{M-T} \times 100\%$

정답 ①

06 오차와 오차율의 공식을 각각 쓰시오.

오차 $=$ 측정값$(M)-$참값(T)

$$\text{오차율} = \frac{\text{측정값}(M) - \text{참값}(T)}{\text{참값}(T)} \times 100[\%]$$

보정 $=$ 참값$(T)-$측정값(M)

$$\text{보정율} = \frac{\text{참값}(T) - \text{측정값}(M)}{\text{측정값}(M)} \times 100[\%]$$

정답 오차 $=$ 측정값$(M)-$참값(T)

$$\text{오차율} = \frac{\text{측정값}(M) - \text{참값}(T)}{\text{참값}(T)} \times 100[\%]$$

07 전기기기에서 전기에너지를 기계(운동)에너지로 변환하는 장치는?

① 전동기　　② 발전기

③ 변압기　　④ 정류기

정답 ①

08 기계적인 회전운동을 전기에너지로 변환하는 장치는?

① 전동기　　② 발전기

③ 변압기　　④ 정류기

정답 ②

09 **3상 직권 정류자 전동기에서 고정자 권선과 회전자 권선 사이에 중간 변압기를 사용하는 주된 이유가 아닌 것은?**

① 경부하 시 속도의 이상 상승 방지

② 철심을 포화시켜 회전자 상수를 감소

③ 중간 변압기의 권수비를 바꾸어서 전동기 특성을 조정

④ 전원전압의 크기에 관계없이 정류에 알맞은 회전자전압 선택

정답 ②

10 **3상 유도 전동기의 출력이 25[HP], 전압이 220[V], 효율이 85[%], 역률이 85[%]일 때, 이 전동기로 흐르는 전류[A]는? (단, 1[HP]은 0.746[KW])**

① 40 ② 45

③ 68 ④ 70

정답 ③

11 **3상 유도전동기의 특성에서 토크, 2차입력, 동기속도의 관계로 옳은 것은?**

① 토크는 2차 입력과 동기속도에 비례한다.

② 토크는 2차 입력에 비례하고 동기속도에 반비례한다.

③ 토크는 2차 입력에 반비례하고 동기속도에 비례한다.

④ 토크는 2차 입력의 제곱에 비례하고 동기속도의 제곱에 반비례한다.

정답 ②

12 **변위를 압력으로 변환하는 장치로 옳은 것은?**

① 다이어프램 ② 가변 저항기

③ 벨로우즈 ④ 노즐 플래퍼

정답 ④

13 **자기용량이 10[kVA]인 단권변압기를 그림과 같이 접속하였을 때 역률 80[%]의 부하에 몇 kw의 전력을 공급할 수 있는가?**

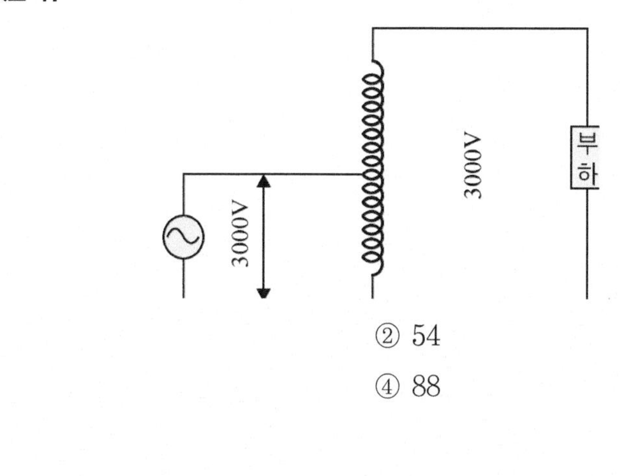

① 8　　② 54
③ 80　　④ 88

정답 ④

14 **주파수가 60[Hz]이고 극수가 4개인 3상 유도전동기가 정격 출력일 때 슬립이 2[%]이다. 이 전동기의 동기속도[rpm]는?**

① 1,200　　② 1,764
③ 1,800　　④ 1,836

정답 ③

15 **피상전력이 0.5[kVA]의 수신기용 변압기가 있다. 이 변압기의 철손은 7.5[W]이고, 전부하동손은 16[W]이다. 화재가 발생하여 처음 2시간은 전부하로 운전되고, 다음 2시간은 1/2의 부하로 운전되었다고 한다. 4시간에 걸친 이 변압기의 전손실 전력량[Wh]을 구하시오.**

정답 70[Wh]

16 **지시계기에 대한 동작원리로 맞지 않은 것은?**

① 열전형 계기 : 대전된 도체 사이에 작용하는 정전력을 이용

② 가동 철편형 계기 : 전류에 의한 자기장에서 고정 철편과 가동 철편 사이에 작용하는 힘을 이용

③ 전류력계형 계기 : 고정 코일에 흐르는 전류에 의한 자기장과 가동 코일에 흐르는 전류 사이에 작용하는 힘을 이용

④ 유도형 계기 : 회전 자기장 또는 이동 자기장과 이것에 의한 유도 전류화의 상호작용을 이용

정답 ①

17 **다음의 단상 유도전동기 중 기동 토크가 가장 큰 것은?**

① 세이딩 코일형
② 콘덴서 기동형
③ 분상 기동형
④ 반발 기동형

정답 ④

18 **다음의 단상 유도전동기 중 기동 토크가 가장 작은 것은?**

① 세이딩 코일형
② 콘덴서 기동형
③ 분상 기동형
④ 반발 기동형

정답 ①

19 **다음 전동기 중 기동 토크가 큰 순부터 열거하시오.**

세이딩코일형, 반발기동형, 콘덴서기동형, 분산기동형, 반발유도형

정답 반발기동형 > 반발유도형 > 콘덴서기동형 > 분산기동형 > 세이딩코일형

20 **축전지의 자기 방전을 보충함과 동시에 일반 부하로 공급하는 전력은 충전기가 부담하고, 충전기가 부담하기 어려운 일시적인 대전류는 축전지가 부담하는 충전방식은?**

① 급속충전 ② 부동충전
③ 균등충전 ④ 세류충전

정답 ②

21 **전기화재의 원인 중 누설전류를 검출하기 위해 사용되는 것은?**

① 부족전압계전기 ② 영상변류기
③ 계기용변압기 ④ 과전류계전기

정답 ②

22 **3상 농형 유도전동기를 Y-△ 기동방식으로 기동할 때, Y결선의 기동전류 I_1(A)과 △결선으로 직입기동 시 전류 I_2(A)의 관계는?**

① $I_1 = \frac{1}{\sqrt{3}} I_2$ ② $I_1 = \frac{1}{3} I_2$
③ $I_1 = I_2$ ④ $I_1 = 3I_2$

정답 ②

23 **유도전동기의 슬립이 5.6[%], 회전자 속도가 1700[rpm]일 때, 이 유도전동기의 동기속도[rpm]는?**

① 1000 ② 1200
③ 1500 ④ 1800

정답 ④

황기환

- 경북전문대학교 소방안전관리과 교수
- 공학박사

최신 소방전기일반

1판 1쇄 인쇄 2024년 08월 12일
1판 1쇄 발행 2024년 08월 20일
저　　자 황기환
발 행 인 이범만
발 행 처 **21세기사** (제406-2004-00015호)
경기도 파주시 산남로 72-16 (10882)
Tel. 031-942-7861　　Fax. 031-942-7864
E-mail : 21cbook@naver.com
Home-page : www.21cbook.co.kr
ISBN 979-11-6833-102-0

정가 28,000원